国际经典“演说之禅”纪念版献礼套装

影响了一代人的幻灯片设计和演讲秘籍

加尔 · 雷纳德

国际知名的沟通顾问和畅销书作者

互联网最具影响力的100人之一

《演说之禅》

已被翻译成17国文字，全球销量过100万册

《演说之禅》是指导思想，非方法

用全新的、与时俱进的方式解密幻灯片演说，展示了如何利用简约原则和讲故事的方式与观众建立良好的联系

《设计之禅》是设计思路，是方法

如何设计漂亮的幻灯片以及为什么要这样设计，从设计师的角度讲述了如何把握构思、排版、色彩、图像、图形等基本演示要素

《裸演说》返璞归真于自然

用简单的道理帮助读者在演讲时更好地与听众建立自然的关系，从而达到强大、有效和令人印象深刻的演讲效果

国际国内名家荐语节选

《演说之禅》改变了我和客户的生活。
——卡迈恩·加洛　《乔布斯的魔力演讲》作者

加尔开创了全新的领域，他指导了整整一代沟通者，让他们可以做得更好。
——塞斯·高汀　传奇演说家

《演说之禅》是当之无愧的经典。
——丹尼尔·平克　《驱动力》和《全新思维》作者

通过这本书，成为比自己之前更好的观点表达者。
——周晓鹏　阿里巴巴文化娱乐集团副总裁

《演说之禅》通过故事、情感、语言、视觉呈现饱含生命力的演说。这是一门艺术，极简至美。
——顾叶　携程旅行网人力资源总监

《演说之禅》值得每个期望提高自己演说能力，提升幻灯片展示水平的职场人士认真阅读。
——唐毅　印象笔记董事长兼CEO

参禅悟道，这本书帮你重新认识演说。
——廖仕健　十点读书副总裁

《演说之禅》绝对是演说领域不可错过的鼻祖书籍。
——高三平（@三爷）《演说之法：PPT高手思维秘籍》作者

《演说之禅》讲的很多理念、方法，都是比较超前的。
——雅客　《PPT设计原理》作者

《演说之禅》无论是在PPT设计还是演讲方面，都对我产生了颠覆性的影响。
——李参　职业培训师，《印象笔记留给你的空间》作者

《演说之禅》奠定了我关于制作幻灯片和当众演讲的认知体系和审美标准。
——邱岳　“二爷鉴书”公众号作者

演说之禅 第3版

幻灯片呈现与沟通的艺术

【美】Garr Reynolds 著
王佑 汪亮 译

Presentation Zen

Simple Ideas on Presentation Design and Delivery (Third Edition)

電子工業出版社
Publishing House of Electronics Industry
北京•BEIJING

内 容 简 介

这本书是使读者从幻灯片演示制作的必然王国走向自由王国的最好读物。与目前市场中关于幻灯片制作方面的其他图书不同，本书讲解的不是幻灯片软件的功能和操作，而是如何从思想上、方法上来思考幻灯片演示。在这个新版中，作者提供了全新的示例，帮助读者获取灵感，展示了如何利用简约原则和讲故事的方式与观众建立良好的联系。因此，本书适合那些经常使用幻灯片，希望自己制作的幻灯片更赏心悦目、形神兼具的读者所使用。

版权贸易合同登记号　图字：01-2020-1563

图书在版编目（CIP）数据

演说之禅：幻灯片呈现与沟通的艺术：第3版 /（美）加尔·雷纳德（Garr Reynolds）著；王佑，汪亮译. —北京：电子工业出版社，2020.10

书名原文：Presentation Zen: Simple Ideas on Presentation Design and Delivery (Third Edition)

ISBN 978-7-121-39520-8

Ⅰ. ①演… Ⅱ. ①加… ②王… ③汪… Ⅲ. ①图形软件 Ⅳ. ①TP391.412

中国版本图书馆CIP数据核字（2020）第169243号

责任编辑：张慧敏　石倩
印　　刷：北京富诚彩色印刷有限公司
装　　订：北京富诚彩色印刷有限公司
出版发行：电子工业出版社
　　　　　北京市海淀区万寿路173信箱　　邮编：100036
开　　本：720×1000　1/16　　印张：20.5　　字数：324千字　彩插：2
版　　次：2020年10月第1版（原著第3版）
印　　次：2020年10月第1次印刷
定　　价：119.00元

凡所购买电子工业出版社图书有缺损问题，请向购买书店调换。若书店售缺，请与本社发行部联系，联系及邮购电话：（010）88254888，88258888。

质量投诉请发邮件至zlts@phei.com.cn，盗版侵权举报请发邮件至dbqq@phei.com.cn。

本书咨询联系方式：010-51260888-819，faq@phei.com.cn。

英文版赞誉

一本薄薄的书往往具有巨大的影响力。比如，斯特伦克和怀特关于如何正确使用英语写作的书，讲述如何开会的《罗伯特议事规则》（*Robert's Rules of Order*），它们的篇幅都很短，却影响深远。我觉得《演说之禅》也属于此列。我们从这些精彩的论述中汲取力量，让信息简洁而清晰。作者在本书中讲述的技巧和示例，也自然地依据了他所倡导的这些原则。

——里克·布莱施耐德　高级项目经理
微软PowerPoint开发团队（1993—2010）

作者为观看演说之后经常感到备受挫折的观众点燃了希望之光。他的设计理念和基本原则能够使演说内容栩栩如生，为演说者的职业生涯增光添彩。特别是他倡导的简约设计原则，更使得演说突破了电脑鼠标的束缚，仿佛就是一场心灵之旅。

——南希·杜瓦特　杜瓦特公司负责人
《沟通：用故事产生共鸣》作者

《演说之禅》改变了我和客户的生活。作为一个沟通专家，我一直在寻找用视觉影像去叙事而不偏离焦点的方法。而加尔在本书中所提及的理念和方法恰恰可以更好地激励观众。可以说，你的下一场演说就应该去体验！

——卡迈恩·加洛
《乔布斯的魔力演讲》和*Talk Like TED*作者

当我们讨论演说的力量时，加尔开创了全新的领域。更为重要的是，他指导了整整一代沟通者，让他们可以做得更好，千万不要错过这本书。

——塞斯·高汀　传奇演说家
*This is Marketing*作者

如果你关心演说的质量和演说的内容是否清晰易懂，那你就应该从头到尾地认真阅读此书，从中汲取智慧。《演说之禅》是当之无愧的经典。

——丹尼尔·平克
《驱动力》和《全新思维》作者

四年前，加尔的《演说之禅》彻底地改变了这个世界的沟通方式。那些曾经枯燥乏味的演讲几乎在一夜之间不见了，取而代之的是活泼明快的演讲，甚至我们可以说有一些有趣。当许多演讲者获得本质的提升之后，世界正在等待一缕新风。加尔在这个我们最需要的时刻，又把他的奇思妙想呈现在我们眼前。

——丹·罗姆

《一页纸创意思考术》和《餐巾纸的背面》作者

中文版赞誉（按姓氏音序排列）

《演说之禅》是PPT演示领域的必读经典书籍，它提出："演示是科学也是艺术"。但各位读者不要指望这本书会教给你具体的软件操作技巧，恰恰相反，这本书着眼于演示之"道"，回归到PPT辅助演说的本质，告诉你该怎样创建简洁生动的幻灯片，从而使"演说者与听众之间的交流变得更流畅、更有效"。

——布衣公子

多数人做PPT只是为了炫技，少数人做PPT是为了明理；多数人把精力花在软件的操作层面，少数人却把精力花在说服力的提升层面；多数人只关注PPT演示的过程，少数人更关注PPT演示的结果。《演说之禅》影响中国演示领域十余年，经典再版，将让你像少数人一样，掌握PPT演示背后的底层逻辑。

——陈魁 锐普PPT创始人

PPT在职场的重要性不言而喻，几乎每个职场人都会与PPT打交道，然而很多人只是把PPT作为一种使用工具来使用，认为好的内容、酷炫的设计才是PPT的核心，真的是这样吗？显然不是。相信本书会给你带来更好的答案，让你重新认识PPT，相信我，一定要读完这本经典之作。

——邓凯 数据圈创始人

一场演说即是一场修行，需要"道、法、术、器"四个层次，而《演说之禅》正是那最高层次——"道"，作者为众多演说迷茫者提供了指导思想与底层逻辑，这也是指导我做PPT思维培训的明灯和星火。《演说之禅》绝对是演说领域不可错过的鼻祖书籍！

——高三平（@三爷）《演说之法：PPT高手思维秘籍》作者

"三爷PPT"公众号主理人

《演说之禅》诠释的是道而不止是术。其摒除了刻板狭隘的功能性游说，而追求生活本质，化繁为简，达到人性与艺术的融合。作者经历思维的极尽演绎，从而迸发灵感，进而做思维收敛、寻求重心，通过故事、情感、语言、视觉呈现饱含生命力的演说。可以说，这是一门艺术，极简至美。

——顾叶 携程旅行网人力资源总监

我有些遗憾没有早些看到这本书。书中提到的演讲时常犯的典型错误，我基本都犯过。想想自己以前的演讲经历，对照书中提出的观点，有些汗颜。

这是一本关于如何提升演讲水平、如何设计PPT的书。作者借鉴日本禅宗的“简约”“自然”等理念，提出了PPT制作和演讲的指导思想和原则，并给出了诸多事例，实用性很强。更难得的是，这本书整体写作风格轻松愉快，内容图文并茂，让人赏心悦目。值得一读！

——鬼脚七

回顾十余年在腾讯负责无线产品团队的职业生涯，今有幸品阅《演说之禅》一书，其中所述“约束、简朴、自然”和腾讯社交产品所传达的“知人、知面、知心”的大道至简，异曲同工。书中内容看似意料之外，实属情理之中，阅者定将有所悟而有所成。

——郭永 腾讯无线事业部原副总裁

多年以前就读过这本经典的《演说之禅》，现在成长为CEO演讲教练，再去翻这本书仍然获得不少启发与灵感，推荐想要入门演讲的同学人手一本。

——贺嘉 CEO演讲教练，曾为长江商学院CEO班授课
畅销书《表达力》作者

作为培训师，PPT是我工作中非常重要的武器，从我10年前不忍目睹的PPT到现在简洁、务实、商务的PPT风格，以及从追求漂亮的PPT模板到要求演说与PPT的融合，这个过程中《演说之禅》前两个版本给了我最大的帮助。术业可以专攻，而道是需要感悟的，《演说之禅》中很多关于道的论述可以刷新我们对演说和PPT的理解。高手重术、专家论道，这本书是最佳的结合。

——黄成明《数据化管理》作者

十年前，我第一次看到了这本《演说之禅》，无论是在PPT设计还是演讲方面，都对我产生了颠覆性的影响，也改变了我的工作习惯，我将这本书推荐给身边很多职场朋友。直至今日，我依然不断将书中学习到的方法应用到我的培训工作中。这本书影响了我和很多人在幻灯片设计、演说中的理念和方法，相信也会成为改变你的一本书。

——李参 职业培训师，《印象笔记留给你的空间》作者

《演说之禅》已经更新到第3版了。这本书并不是教读者如何使用哪些快捷键快速制作幻灯片，而是从方法论和指导思想的角度，告诉读者如何构思、创造一个演说。著名政治家和演说家——丘吉尔曾经这样评价过自己的演讲:“如果给我5分钟，我提前一周准备；如果是20分钟，我提前两天；如果是1小时，我随时可以讲。这个演讲就是属于随时可信口聊的水平。”可见，越是精简的演讲，越是需要精心的准备。《演说之禅》就是一本有助于读者准备和思考如何演讲的书，它从准备、设计、呈现等多个维度，为读者提供了可以学习并实践的方法。这些内化的演说方法，将有助于读者提升演说的能力。在此推荐大家阅读。

——李宽 产品专家，《B端产品经理必修课》作者

《演说之禅》这本书真的很棒，从准备到设计，再到呈现，进行了比较系统性的阐述，简单易懂。如果你要进行幻灯片讲解或者演说，那么这本书应该可以给你很多启发。

——利兄 利兄日志创始人

不读后悔三年，读完受益一生。在拜读了加尔的这本《演说之禅》后，我果断地告别了过去用了7年的传统演说授课模式。开始按照书中所说的方式去设计整个演说过程和演说课件。当然，毋庸置疑地取得了令人惊叹的效果，并且给听众留下了极其深刻的印象，而这一切都得益于加尔在书中给出的启示。如果你在演说方面存在疑惑，亟待提升，那么加尔的这本书无疑就是治愈你问题的良方。因此，我强烈推荐你拥有它，它能为你带来意想不到的惊喜，就像给我带来的惊喜一样。

——梁谦成 演说教练

作为一个演讲爱好者，我也拿过演讲冠军。而看完了《演说之禅》，才发

现自己对于演讲的认知还远远不够，参禅悟道，这本书帮你重新认识演讲。

——廖仕健 十点读书副总裁

演讲是工作和生活的底层能力，能够有效传递信息给别人，有时跟这些信息一样重要。《演说之禅》是论述这一能力的经典书籍，很欣慰能看到它再版。时间总是有限，事情永做不完，能节省掉沟通中不必要的浪费，就是在创造巨大的价值。

——刘飞 阿里巴巴产品经理，《产品思维》作者

《演说之禅》可能是国内大多数PPT爱好者最早的启蒙书籍，包括我本人，也是阅读完《演说之禅》后，对PPT的制作和写作有了全新的认识。作者提出的很多理念，至今依然使我受益匪浅。十多年后，全新的第3版上市，80%的案例更新，相信能给我们带来全新的感受。

——刘革

这是一本需要细细品读的PPT演说书。书中所讲述的技巧和原则主要是约束、简约和自然，教你从设计思想层面来思考如何做出形神兼备、赏心悦目的幻灯片。本书不仅适合需要用PPT做演说的读者阅读，而且适合所有和艺术、技术、设计相关的读者阅读。

——龙兄 CEO演讲教练，坚持星球创始人

相对于市面上大多数PPT书籍讲得更多是操作技巧与设计方法，《演说之禅》在内容上聚焦于「演说」与「表达」的本质，《演说之禅》通过简单却精巧的案例，将我们带入一个个演示场景，帮助我们提炼思维，告诉我们在制作幻灯片时，真正应该重视的内核是什么。

——珞珈 一周进步创始人，PPT审美教练

多年前，我初入职场时有幸读到了《演说之禅》，这本书几乎奠定了我关于制作幻灯片和当众演讲的认知体系和审美标准。书中对于简洁的推崇，对故事性的强调，以及对沟通过程的解构，时至今日依然影响着我。

这本书兼具体系化和实用性，它能帮助你成为一名合格的演说者，更重要的是，成为一名合格的沟通者。

——邱岳“二爷鉴书”公众号作者

在职场中、生活中，每天很大比例的时间都在沟通，我自己的体会是，经常苦于“语言无法充分表达我的想法”，究其本质，一是线性的语言很难描述非线性的逻辑，二是说话声音的信息传输带宽太低，于是，我经常需要借助视觉信道的帮助，或是随手找一张餐巾纸、或是写满一块白板，或是做几页幻灯片……从这个角度看，这本书与其说是讲幻灯片，不如说是给你的沟通过程打造了一个“作弊器”，要不要用就看你自己了。

——苏杰 产品创新顾问，《人人都是产品经理》系列图书作者

十几年前，当我开始学习PPT设计时，是《演说之禅》带我入门，给了我非常多的启发。时光飞逝，作者的这本宝藏书已经更新到第3版了！和第1版相比，在保留了禅意的同时，还增加了很多设计实例和更多不同行业的专业分享。如果你有志于在商务沟通上有所建树，这绝对是第一本必备书。

——孙小小

演说与展示（Presentation）是当代职场人必备的基本技能之一。高超的演说与展示能力意味着受众会更有效地接收所要传递的观点，更好地推进想法的实现。《演说之禅》这本书很好地从表达者和受众的角度入手，诠释了好的幻灯片如何准备、设计和呈现，并且提供了很多帮助表达者提高演说与展示水平的技巧，值得每个期望提高演说能力，提升幻灯片展示水平的职场人士认真阅读。

——唐毅 印象笔记董事长兼CEO

在产品匮乏时代，酒香不怕巷子深，但在产品富饶时代，人人都有更多选择，甚至让顾客知道你的产品都要付出很高的成本。那么，如何让你的产品或作品脱颖而出，《演说之禅》带你领略产品或作品与目标受众沟通的重要环节——幻灯片呈现与沟通。推荐大家一起学习并实践。

——汪德诚 大数据文摘创始人

专业沟通方式不再是单纯地处理和汇报数据信息了，而是为听众创造一种情感体验。你很难想起昨天听到的内容和数据，但是永远不会忘记那个讲话的人曾经带给你的感觉。想要为你的听众创造这种体验，你一定要读一读这本书。

——杨可可 一刻talks 首席内容官

《演说之禅》是我读的第一本PPT启蒙书，我设计的很多作品都有用到这本书中所讲授的方法。书中的很多理念、方法，都是比较超前的，对我制作PPT 的启发很大，我相信，书中谈论的设计方法，即便再过十年也不会落伍。

如果你是PPT小白，这本书可以帮你打开思维，树立一个领先超前的PPT设计方法。如果你是有一定基础的用户，按照这本书的理念去做，可以帮你实现PPT水平的跃迁！

——雅客《PPT设计原理》作者

如果你希望面对大众演说时，背后的PPT可以很好地表达你的意图，帮助你阐述你的观点，甚至为你的演说加分，建议你可以好好读一读《演说之禅》。

表面上看这是一本教你做幻灯片的书，但是以我阅读它的经验来说，它也是帮助你整理思路、提升表达，甚至有效帮助你练习口才的一本书，如果深入思考，它甚至可以帮你在团队和会议中脱颖而出。

至于怎么用它，完全取决于你如何看待它的内容，以及如何去内化其中的知识与道理。

——张亮 80分运营俱乐部创始人兼CEO
畅销书《从零开始做运营》作者

有识之士疾呼中国教育亟需补上逻辑和美育这两门课，历数传媒、思辨、学术等领域因为逻辑薄弱带来的瓶颈，建筑、制造、设计等行业因为美育缺乏而造成的恶果。其实，在普通人的职场中，汇报、演说、简历、方案推介、辅导培训……这些场合，充斥了缺乏逻辑的演说、全无审美的幻灯片。但职场人若去读《逻辑学》或《美术史》，则很难见效，还是把这本《演说之禅》拆为己用吧，修炼逻辑由术入道，提升审美自外而内。

——赵周 拆书帮创始人，《这样读书就够了》作者

演说与幻灯片的制作已经成为职场上越来越重要的能力，也变成了很多人越来越多的困扰。在大公司尤其如此。《演说之禅》用生动的案例，洗练的语言为我们呈现出如何做好幻灯片和沟通表达的路径。可以肯定的是，不是每个人都会成为演说大师。但同样可以肯定的是，通过这本书，我们会避免基本的错误，收获实用的技巧，成为比自己之前更好的观点表达者。

——周晓鹏 阿里巴巴文化娱乐集团副总裁

第1版 译者序

你也能成为演说专家

随着微软Office办公软件的一统天下，可以说我们进入了一个幻灯片的时代。从公司的会议室到大学的教室，几乎随处都可以看到在幻灯片前侃侃而谈的演说者。公司的会议纪要也逐渐被幻灯片文件所替代，原来要提前散发的文案也变成了幻灯片的演说文稿。幻灯片越来越成为我们工作和生活中的一部分。

但是伴随着对幻灯片的依赖不断加大，人们也有了新的烦恼。每个人都在为如何使自己的幻灯片更炫、更酷而烦恼。面对别人的困惑，我也经常问自己，幻灯片究竟是什么？可以帮助我们做什么？如何可以做得更好？

记得几年前有一部电影，画面非常唯美，描写了刺客和君王的故事。电影由堪称豪华的制作团队完成，耗资上千万美元，众多明星的加盟使其具备了非常强大的票房号召力。影片也的确达到了制作团队当初的预期，刷新了当时的票房记录。但是与票房上的成功形成鲜明对比的是观众的评价。很多观众看了电影之后，唯一的印象是画面很美，但是再进一步问问电影在讲什么，大多数人都是一头雾水。探寻其内在原因，我们可以发现导演过分地追求影片感官上的刺激，而忽略了最能打动观众的故事情节。

我常常在想，其实幻灯片演说和电影又有什么不同呢？在幻灯片演说中，演说者既是导演，又是演员。演说者在演说过程中要做的事情就是抓住观众的心，让观众记住自己想传递的信息。而在这个过程中，无论是幻灯片、语音、语调，还是肢体语言，都是演说者在演说过程中使用的工具而已。

然而遗憾的是，相当多做演说的人忽略了这些基本准则。在他们自己主演的影片中，忽略了故事情节和逻辑结构这些基本因素，而把精力更多地放到如何制作漂亮的画面和令人眼花缭乱的动画等这些细节上。这种误区造成很多人离开了幻灯片就不知道如何演说；而还有一些人，则以在网上或者会议后搜集各种幻灯片模板和图形为一大乐事，但浑然不去考虑其使用场景和演说目的。

毋庸置疑，幻灯片作为承载思想的工具，深深地影响了处于信息时代的我们。这是因为用幻灯片来阐述观点，更容易被别人所记住和接受。因此，我们可以预言，这种影响还将持续下去。既然不能摆脱这种影响，那就让我们领先于潮流，从事物本质的角度看待问题，这也许是最好的应对方法。

可以说，这本书是使读者从幻灯片制作的必然王国走向自由王国的最好读物。与目前市场中关于幻灯片制作方面的其他图书不同，本书讲解的不是幻灯片软件的功能和操作，而是如何从思想、方法上来思考幻灯片演说。因此本书适合那些经常使用幻灯片，但是希望使自己制作的幻灯片更赏心悦目、形神兼具的读者所使用。

本书的作者加尔·雷纳德是一位幻灯片设计师，也是一位全球知名的交流专家。他用朴素的道理、生动的案例阐述了幻灯片设计的基本理念和根本原则。这些原则和方法可以帮助职场人士以一个独特、简便、直观、自然和有针对性的角度看待幻灯片演说，使其从设计和演示幻灯片的苦海中解脱出来。特别是作者把禅宗秉持的简约原则与幻灯片制作演示相互关联，更可以使我们能够从思想之高峰看待如何制作幻灯片。

可以说，这本书为那些深受幻灯片演说所困扰的读者点燃了希望之光。这些朴素的设计理念和原则不但可以使演说内容栩栩如生，更可以为演说者的职业生涯增光添彩，使之成为一个名副其实的演说专家。

如果你想使你的幻灯片演说更上一层楼，那么从本书这里开始启程吧！

第3版 译者序

演说是一场修行

很高兴能为《演说之禅》（第3版）作序。转眼间，从这本书的第1版到现在已经过去了12年。这12年无论对于整个国家，还是整个社会，抑或是包括我们自身在内每个个体都发生了巨大的变化。我们见证了我们国家的发展和变化，真正体会到了“百年未有之大变局”。作为一个普通人，我们有幸成为这个时代的一分子，或多或少地为这个时代留下了一抹色彩，这种经历对每个人来说都是一笔宝贵的财富。同样，我作为一个译者，能为这本经典著作的传播做出一点贡献而感到十分高兴。

过去十几年来，是中国移动互联网发展最迅猛的阶段。一方面，诸如华为、小米等一大批科技型企业已经走在了世界前列。另一方面，伴随着移动互联网的普及，我们的沟通方式、娱乐方式、购物方式、支付方式、就餐方式，乃至工作方式等，都发生了剧烈而影响深远的变化。

人与人的交流也因为移动互联网而越来越便捷化，但是这种交流和沟通也越来越碎片化，更加形式化。我也常常在思考，同过去相比，幻灯片呈现与沟通究竟有什么不同？我们如何更高效地传递我们的思想？通过观察这些快速成长的移动互联网企业，可以给我们带来很多关于幻灯片呈现与沟通的启发。

我们会发现，这些科技企业在宣传和产品发布方面采用了一种全新的叙事和呈现方式。这些企业把自己的每一场发布会都尽可能地做到精美和极致，让我们可以近距离地体验各种推陈出新的产品，让人目不暇接，好比一场场灿烂的烟火秀。这些发布会几乎完全复制了乔布斯当年的产品推荐方式，同样是一个带有超大背景屏幕的宽大舞台，同样是一张张无比炫酷的幻灯片，同样是粉丝热烈的掌声和尖叫，也同样是匠心独具的新产品。

似乎，乔布斯当初所缔造的传说已不在那么绚烂，而我们身边的经历才是真正的传奇。

在这些发布会上，我们不仅看到了中国企业的成长和进步，也见证了幻灯片呈现的神奇和力量。我们看到了影像在沟通呈现中的力量，也体会到了故事对于观点传播的价值。我们看到这些企业更在意自己的忠实粉丝，更愿意把这些粉丝放到沟通的中心位置，用更加平等、更加开放的方式与粉丝进行沟通和互动。没有悲情化的回忆，更没有情绪化的宣泄，没有激情滂湃的口号推销，也没有程式化的激昂言语；而是用理性的态度，平等的视角，开放的方式，温情的表达，通过点滴的细微，把企业故事、产品故事、个人故事讲清楚、讲完美。

可见，尽管时代在变迁，交流工具也日益多样，沟通也越来越便捷，但是幻灯片呈现与沟通的本质没有变化。或许我们随手就能获得各种幻灯片的制作模板或者其他辅助工具，但抛开幻灯片的种种制作技巧和方法，我们能否能把听众放到平等的位置，能否进行认真与专注的思考，让我们的呈现更具有深度和广度，让人去用心感知我们的想法，这才是我们在这个时代进行思想沟通的真谛。

如果你想更好地理解和思考幻灯片呈现与沟通的艺术，不妨通过本书来获得更多的灵感。本书秉承了前两版图书一贯的叙事风格，继续用极具启发的案例来从思想上、方法上分析幻灯片呈现与沟通的本质。本书作者加尔•雷纳德是一位广受欢迎的演说家和咨询师，也是全球知名的交流专家。他把幻灯片这个西方的图形化的思维工具，与东方禅宗美学有机地结合起来，让幻灯片的呈现与沟通更有哲理，触动心弦，启迪智慧。本书的出版犹如这样一盏指路明灯，让那些对于幻灯片呈现与沟通产生困惑的人能够在黑暗中找到前行的方向，参悟到精彩演说的真谛。

就如同真正的禅修一样，我希望大家能通过本书，获得持续不断的提高与修炼。这种提升不仅是在工具和操作层面上，更是体现在思想层面。这种提升对于我们每个人而言都是如此重要，是因为我们都需要绘制自己的人生蓝图。我们需要平等地、生动地对别人讲好自己的故事，让别人去体验、去感知。不论这个故事或大或小，是关乎自己，还是关乎企业和国家；不论这个故事是平凡还是卓越，是动人还是理性；不论这个故事是否足够精彩。对于我们自己而言，这都将是一曲迷人的礼赞。

祝愿每个人通过本书的学习，都能讲好自己的故事，讲好企业的故事，讲好中国的故事！

致谢

如果没有许多朋友的帮助和支持，这本书是不可能完成的。在这里，我要感谢以下朋友的贡献和鼓励。

特别感谢盖伊·川崎为本书所作的图示化序言。

感谢培生公司的Laura Norman鼓励我撰写本书第3版。感谢我的编辑Victor Gavenda、Linda Laflamme，Tracey Croom和她的制作团队，以及David Van Ness、 Becky Chapman-Winter。

感谢 Nancy 和 Mark Duarte，以及在硅谷Duare公司诸多优秀同事对我多年的帮助和支持。

感谢对这本书有贡献的诸多朋友：Seth Godin、Dr. Ross Fisher、Jon Schwabish、Gihan Perera、Masayoshi Takahashi、Sunni Brown、Clement Cazalot、Markuz Wernli Saito，以及 Andreas Eenfeldt博士。感谢来自巴黎的Phil Waknell和 Pierre Morsa，以及来自斯德哥尔摩 Gapminder 基金会的帮助。

感谢 David S. Rose、Daniel Pink、Dan Heath、Rick Heath、Rosamund Zander、Jim Quirk、Dan Roam、Carmine Galloand、Debbie Thorn、CZ Robertson、 Ric Bretschneider、 Howard Cooperstein和 Deryn Verity 在我写作本书第1版的早期阶段提供的有启发的建议和内容。感谢俄勒冈海岸的Brian和 Leslie Cameron、Mark 和Liz Reynolds，以及 Matt 和Sheryl Sandvik Reynolds。

感谢日本的这些朋友：Shigeki Yamamoto、Tom Perry、Darren Saunders、Daniel Rodriguez、Nathan Bryan、Jay Klaphake、Jiri Mestecky，以及Stephen Zurcher。

在这里，我也想对众多《演说之禅》的读者和网站访问者表示感谢。感谢你们给我分享的故事和案例，特别是来自澳大利亚的Les Posen。

最后，我要感谢给予我最大帮助的妻子，感谢她给予我的莫大理解和支持，让我产生创作的灵感。也感谢我的孩子，你们是我每天早起的动力。感谢我的小狗 Chappy，两只小猫 Luke和Kona。你们就像精准的闹钟把我唤醒。

推荐序

这是一本讲述如何更好地使用幻灯片来演说的图书。所以我也想借用幻灯片的形式来写序言。据我所知，这是有史以来第一本以幻灯片的形式作序的图书。好的幻灯片不但使沟通更加生动，而且即使没有人在一旁解释，也可以独自叙述整个故事。我想从接下来的幻灯片中，你会明白我的意思。如果说我要现场和你解释“为什么这本书值得购买”，那么下面的幻灯片就是我提出的理由。

盖伊·川崎
《聪明人：从生活中学习》作者
Canva公司首席宣传官
苹果公司前首席宣传官

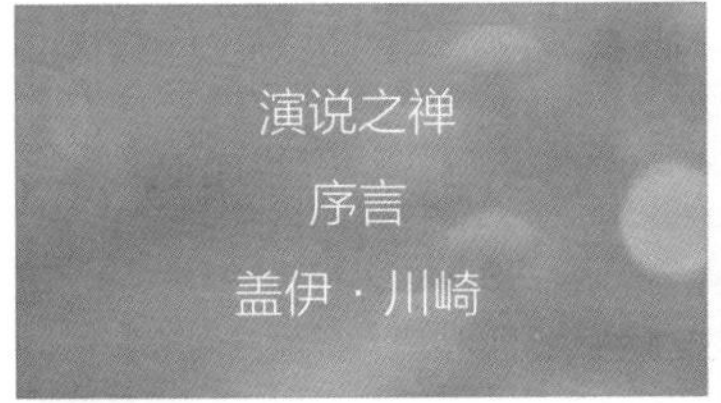

开了一个玩笑……

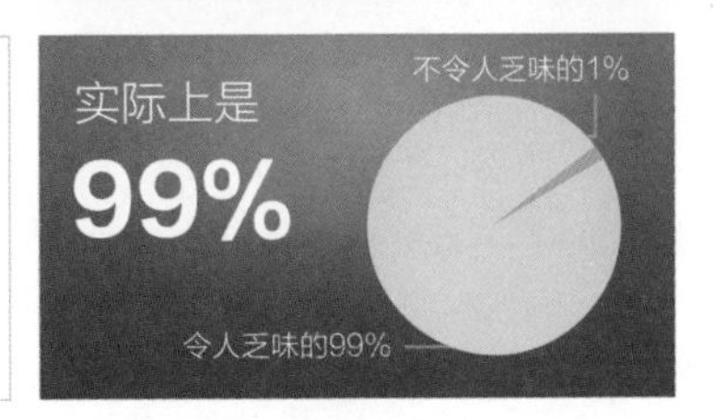

为什么?

我们看到的幻灯片是
冗长的
乏味的
糟糕的
空洞的

我们想看到的幻灯片是
简短的
容易理解的
可视化的
有吸引力的

这本书就是你的解决方案

打开你的钱包，买下它
放空你的心思，学习它
学习这些原则，实践它

谢谢!

目　录

引言

第1章　演示是科学，也是艺术　003

禅之于演说　005

福兮祸之所伏　009

演说时代　011

“概念时代”下的演说方式　013

本章要点　025

准备

第2章　创造、限度和约束　029

始于初心　031

演说是创造的艺术　033

在约束中创作　039

本章要点　043

第3章　一切从构思开始　045

放慢节奏　047

创意工具　055

找到正确的问题　061

两个基本问题：你想说明什么？其意义何在？　064

讲义的作用　068

凡事预则立　073

本章要点　075

第4章　用故事叙事　077
如何让想法吸引人　078
一切围绕故事展开　084
达纳·阿奇利（1941—2000）开创数字化讲故事　094
故事情节构思步骤　095
不要包罗万象　107
本章要点　109

设计

第5章　简约是一种美　113
史蒂夫·乔布斯与禅宗美学　115
道法自然　118
简约就是力量　124
本章要点　133
第6章　幻灯片形式设计：从方法到技巧　135
幻灯片设计原则　138
信噪比　140
图效优势　150
留白　169
四大基本原则：对比、重复、对齐、就近　182
本章要点　193
第7章　幻灯片运用范例：图文并茂　195
填充屏幕：Redux架构　196
从文字到画面：无数的可能性　198
示例幻灯片　205
本章要点　230

呈现

第8章　全身心投入　233

史蒂夫·乔布斯与剑道　235

向柔道取经　241

投入与贡献　243

本章要点　247

第9章　建立沟通的纽带　249

爵士乐、禅道与沟通的艺术　250

开局很重要　254

展示自己　258

多多益善？　266

本章要点　269

第10章　吸引人和打动人　271

清除交流障碍　282

本章要点　297

新征程

第11章　开始幻灯片旅行　301

怎样才能进步　302

结束语　305

引言

至繁归于至简。

——列奥纳多·达·芬奇（Leonardo da Vinci）

1

演示是科学，也是艺术

在东京顺利做完演说后，我带上在车站买的便当和朝日啤酒，于下午五点零三分搭上了去往大阪的新干线列车。对我而言，在日本最典型的体验就是搭乘拥有尖端科技的新干线列车，从郊外的田野上呼啸而过；在列车上，一边用筷子品尝着美味的日式料理，一边啜饮着啤酒；同时透过宽大的玻璃窗饱览寺庙和神祠，甚至还可以观赏富士山。这种体验可谓新旧事物的完美交融，有时我的一天就这样愉快地度过了。在吃着可口的便当时，我无意间发现过道旁的一位日本商人，他正盯着面前一套PPT 打印稿，满脸忧心忡忡。我注意到每页纸上印有两张幻灯片，每张幻灯片上都排有文本框，里面挤满了不同颜色的日语文字。根本没有空余的地方！所有幻灯片上除公司标识外，再没有其他图片了！其内容也是一成不变的：标题，下边插入文本框，输入要点，然后就是公司标识了。他是否打算现场演示这些幻灯片，让观众更直观地了解其想法呢？如果是，那我对其观众深表同情。观众从什么时候开始有了边听边读的能耐了（即便他们看清了屏幕上列出的数条要点，那又能怎样）？幻灯片难道仅仅是充当文档记录的一个载体吗？如果真是那样，那我要对演说者以及观众均表同情了。要知道，幻灯片绝不是记录文档的工具，仅有要点和公司标识的幻灯片对于做一场优秀的演说来说是远远不够的。从那位日本商人在PPT 打印稿中翻前顾后的情况看，他显然是被那些模棱两可、晦涩难懂的内容搞得晕头转向了。

我想到了面前便当里的丰盛菜肴，它们大小适量、制作精良，让人毫无半点多余、过剩的感觉。而对面则是一堆PPT 打印稿，它们的布局杂乱无章，内容又晦涩难懂。呵呵，两者的对比多么强烈！现场演说时经常要使用含有商业和技术内容的幻灯片文稿做演示，而它们的设计和呈现为何不能像在日本车站出售的便当那样清清楚楚、简明扼要呢？

比如，便当里囊括了适量的佳肴，同时搭配合理，令人赏心悦目。从便当中体现出的是一种简约和均衡之美。不多不少，设计精湛，不矫揉造作，一切恰到好处。让人看之赏心悦目，食之更是美味可口。在吃便当的那20分钟里，你所获得的是精神上的满足和鼓舞。且问，你在观看其他人做幻灯片演示时是否也有过这样的感受呢？如果有，那又是什么时候呢？

美味可口的便当和幻灯片演示乍看毫不相干，然而就在多年前的那次经历，当我坐在时速高达200千米的新干线上时，我一下悟出了两者的共同点。我突然意识到有必要做些什么，来结束目前这场由制作粗糙、内容干瘪的幻灯片演说所带来的灾难。同时，我感到自己的确能在这个问题上出谋划策。无论是在日本还是世界上其他国家，职场人士每天都会被接触到的各种粗制滥造的演示文稿搞得困苦不堪。那些幻灯片枯燥乏味、效果甚微，有时甚至起到了适得其反的作用。我清楚地知道，或许我能尽一份绵薄之力，帮助人们以一种全新的方式去审视幻灯片的设计和演示，使演说者和观众的交流变得更流畅、更有效。也就是在新干线列车从横滨驶往名古屋的路上，我开始执笔创作此书，旨在分享我个人网站上提到的幻灯片设计和演示方面的点点滴滴。相信在未来，该网站的点击率会在同类网站中继续拔得头筹。

本书的主要部分为准备、设计和呈现。力求做到原则与概念、启发与实例相辅相成。至于我在新干线上享用的那份便当——此书的创作灵感，其照片我也会在书中向大家做展示（本书第152页）。在介绍幻灯片演说的现状以及其重要性之前，让我们先来看一下演说和禅之间的关系。

禅之于演说

此书讲述的不是禅宗教义，而是关于交流与沟通，是一本以全新的、与时俱进的方式看待幻灯片演说的书。虽然我在书中多次提及禅宗和它的一些思想，但那都是出于类比的需要，而非字面意义。从字面上看，禅的传统或修行和演说这种“艺术”在今日世界并无直接关联。但是，我们在职场上的种种行为——尤其是出于交流目的的行为——和禅的思想还是有着许多共通之处的。禅宗在审美、处事以及交流等方面所遵循的理念或原则，其本质或精神是能应用到我们的日常行为中的，幻灯片演说也不例外。

禅师会对前来寻求开悟的学生说，你要做的第一步便是真切地认识到生活并不是完美无缺、井然有序的，因此如对琐碎的事物倾注太多精力，便会造成生活上的种种混乱。与此同理，为了设计出优秀的幻灯片，首要的便是警惕如今被众人认为“标准化”幻灯片演说的现状。同时，还要注意的是，如今一些所谓的“标准”或“传统思维”，与实际运用还是存在不小的矛盾和冲突的。

事物是变化发展的，具体问题需要具体分析。但是，经验告诉我们，当前商业和学术领域的演说对于观众和演说者来说，在一定程度上是一种“折磨”。倘若我们寄望于在和他人交流中表现得更清晰、更完整、更优美且更智慧，就必须跳出所谓“标准”和“传统思维”的框架，寻求与众不同、效果更出众的思维方法。我在演说的每一个环节上都遵循以下原则：约束、简约和自然。幻灯片演说的准备要约束，设计求简约，演示重自然，三者相结合，才会使演说者和观众有清晰明了之感。

自2300 多年前的亚里士多德时代以来，事物的本质从许多方面来看很少发生过改变。根据卡耐基在20 世纪30 年代做出的判断看，亦是如此。可是，那些看似简单的演说常识，人们却未必知晓。“演说之禅”这一指导思想对传统的幻灯片演说思想提出了质疑，并鼓励人们换一种思路看待演说的准备以及幻灯片设计和呈现。

指导思想，非方法

然而，“演说之禅”并非某种方法。在方法背后通常隐含着一个循序渐进的、系统化的过程，一个有准备的、线性的过程。这个过程往往涵盖各个已被论证的步骤，人们可以从书中轻易地检索获得。而“演说之禅”是一种指导思想，在其背后暗含着一条通道、一个方向、一个思路框架，甚至一个理念，而不是人们必须遵循的一套硬性规则。方法是重要且必要的，但世间并无万能药，我的这本书也不能助你敲开成功之门。成功与否，还将取决于你自身的努力和周遭的环境。但是，我会提供一些基本的法则，以及有悖于常规思路的方法来使用多媒体手段进行演说。

同样，禅本身弘扬的就是一种生活和存在的方式，而非众人必须遵守的清规戒律。获得启发的方法有很多，禅所关注的是个人意识和认知能力。禅宗的思想具有实用价值，并且注重当下。这两点和本书提到的演说思想是不谋而合的。本书旨在通过帮助职场人士将幻灯片演说做得新颖，让幻灯片显得更为简洁、直观、自然，而最终使其更有意义，从而将他们从设计和演示幻灯片的痛苦中解脱出来。

具体问题具体分析

并非所有的演说都需要使用多媒体。打个比方，如果你面对的观众人数不多，且时不时要就大量图表数据开展讨论，那么下发讲义以及自由讨论等形式就要比幻灯片演说更为实际和有效。在许多情况下，记录着详细数据的一面黑板或一张纸反而能起到更好的效果。因此，具体问题应给予具体分析。本书的讨论对象则侧重于多媒体演说（示），即利用PPT 等多媒体手段达到精彩的效果。

演说仅仅依靠白板也能取得很好的效果。关键是要做充分的准备，使演说内容可视化，并激发观众的热情。

本书并非软件工具书。但是，只要你牢记“约束”“简约”的原则，就能做出切题且视觉效果佳的幻灯片。对于软件的功能和使用技巧，问题不是你学会了多少，而是你可以忽略和忘却多少。只有不过分依赖那些功能，才能专注于简约的原则以及重要的几个技巧。因此，幻灯片制作软件的功能和使用技巧将不是本书的讨论重点。

对于大型演讲，多媒体工具是演说内容的一个非常好的助推器，但是与观众的互动和连接同样非常重要。

禅宗大师铃木大拙（Daisetz Suzuki）在谈到剑法大师小田切一云（Odagiri Ichiun）的技艺时，这样评价：“作为一名剑客，其首要原则便是不依托所谓的技巧和花招。而大多数剑客却过于看重它们，更有甚者将其看作性命攸关之事。”大多数演说者在准备和演示的过程中也会把软件的技巧放到首要位置，这往往会造成视觉上杂乱无章、言语干瘪无力，从而难以吸引观众，难以令人印象深刻。

当然，软件的基本使用方法还是有必要掌握的。知道演说时的一些注意事项，比如哪些好做，哪些不好做等，还是很有帮助的。但软件技巧并非演说的全部，演说的技艺也绝不仅限于此，而是更在于能否跨越演说者和观众之间的隔阂，与他们建立联系，打动他们使其获取信息或听取道理。

福兮祸之所伏

使用电脑制作的幻灯片来做演说，这种方式似乎已经存在多时，但其真正被广泛使用还是最近二十几年的事情。1987 年，PowerPoint 1.0在硅谷问世，其最初的用途是在苹果（Mac）电脑上做幻灯片演说。事实证明，该软件很酷，而且运行稳定。软件作者罗伯特·加斯金斯（Robert Gaskins）和丹尼斯·奥斯丁（Dennis Austin）在软件问世的当年便将其卖给了微软公司。几年后，PC 版的PowerPoint 软件也投放市场，世界从此发生了翻天覆地的变化！见过无数糟糕幻灯片演说的作者赛斯·高汀（Seth Godin）在他的《PowerPoint 真的很糟》（*Really Bad PowerPoint* ）一书中写道：“你也许以为PowerPoint 软件是你电脑中最强大的软件，但事实并非如此，相反，这个软件是失败的。几乎所有使用PowerPoint 软件制作出来的幻灯片都糟糕透了！”

一直以来，如此多利用幻灯片或其他多媒体手段进行的演说之所以失败，一个主要原因就是那些呈现的画面起到的仅仅是“文字装载器”的作用。约翰·斯威尔勒（John Sweller）在20 世纪80 年代提出了认知负荷理论（cognitive load theory）。他认为，一方面，同时接收口头语言和书面信息，会增加人们处理信息的难度。因为人们不能在阅读的同时听，所以充斥着大量文字的幻灯片就必须避免。另一方面，当人们在聆听与呈现的图像信息有关的文字内容时，他们是有能力同时处理的。

大多数人直观地认为，在一场20 分钟的演说中若使用满是文字的幻灯片绝不是一个好办法。调查研究也显示，对观众而言，同时处理以口头语言和书面形式呈现的信息是非常困难的。因此，更好的办法或许是演说者保持沉默，让观众自己阅读幻灯片上的文字内容。但是，这样的话问题就来了：还要演说者站那儿干什么？一场优秀的演说不同于一篇精彩的文稿，任何试图将两者结合在一起的做法最终只会适得其反。其中的道理我会在后文中谈到。

前路漫漫

在过去的数年里，演说的技术发生了巨大的变化，但是演说本身却没有本质的改变。如今，在PowerPoint 和Keynote 等桌面软件以及Google Docs 和Prezi 等云技术应用的辅助下，每天都有成百上千的演说在进行。但是，大多数还是那么枯燥乏味，以致它对于演说者本人和观众都是一种“折磨”；或者演说内容被过度修饰，加入了过多的动态效果，而干扰了本身十分出色的演说内容。今日的演说和过去相比，其效果还是不够令人满意，原因不是演说者缺乏智慧或创造力，而是他们从过去就养成了错误的习惯，导致他们不知道什么才称得上是优秀的演说，怎样才能做出优秀的演说。

尽管演说技巧随着数字技术的发展发生了改变，但是构成优秀演说的基本要素和过去相比并无二致。不论你使用的是什么软件，或者甚至不使用任何数字工具，约束、简约和自然仍是演说成功的关键。此外，不论我们在现场演说中使用了多少软件，使用这些工具和技巧的初衷都是尽可能地阐明、简化和支撑维系着观众和演说者之间的交流。最新的工具和技术也许可以成为我们演说的“助推器”，但必须巧妙而有节制地运用它们才能呈现自然而真实的效果。否则，它们只会成为交流和沟通的“绊脚石”。

不论未来的科技如何日新月异，不论未来的软件变得如何强大，技术的灵魂是亘古不变的。对于PowerPoint、Keynote，以及Prezi 等技术，只有使演说内容变得更加清晰，更加令人印象深刻，并增进人与人之间的联系——沟通的本质，才称得上是有用之术。只有使用恰当，多媒体技术才能发挥其应有的功能。

演说时代

站在台上呈现一场有力的演说、吸引观众的全部注意力，这种能力在如今显得极其重要。有人甚至把我们所处的这个现代化时代称作“演说时代”。之所以说充满激情、内容清晰以及形象生动的演说能力在当今比过去任何一个时期都显得更重要，原因之一是如今我们的言论在在线视频的帮助下能被广泛地传播，触及之远令人难以想象。你讲的话、现场演说的画面能以高清影像的形式被拍摄和传播，供世界上任何一个想看的人观看。你意在以演讲或演说（原文为speech orpresentation）来改变某些事情，甚至改变整个世界，这些演讲或演说所能达到的效果将远远超出从你口中说出的那些话。你的言辞固然重要，但如果只是那样，我们完全可以制作一份详细的文件，下发给观众就行了。而一场有效的演说能够令我们的言辞内容得到升华。

TED 大会管理者克里斯·安德森（Chris Anderson）在英国牛津市的TED全球大会上谈到利用在线视频传播创意想法时，他表示面对面的交流和演说具有强大的力量，能影响人们做出改变。他强调，实际上，人们可以通过阅读更快速地获取信息，但这样通常会丢失必要的深度和内涵。而演说之所以有效，其原因之一就是它能够带给人视觉上的冲击，以展示—讲解的方式提供信息。演说的画面、结构和内容都是不可缺少的组成部分，连录制后上传网络的演说也是如此。但是，安德森还说：

> “（通过演说）被传递的不仅仅是演说者的讲话，那些具有神奇魔力的正是非语言的部分，它们隐藏在演说者的肢体动作、讲话节奏、面部表情、目光交流之中。潜意识中，观众有太多的线索来确定自己到底听懂了多少，以及是否得到了启发。”

安德森说，人们喜欢面对面的交流，这种交流方式在过去数百万年里经历了发展和优化，具有神奇的力量。当一个人对着一群观众讲话时，这些话会在他们的大脑中产生共鸣，随后影响整个群体做出一致的行动。这种交流促进了我们的文化不断向前发展。

提高标准，脱颖而出

诸如TED 等组织已经证明，设计精良、吸引人的演说能够起到传授知识、劝导和鼓舞人心的作用。演说领域也正在发生着各种改变。但是，总体而言，商界和学术界的绝大多数演说还是无法摆脱单调乏味的问题，它们大都无法吸引观众，即使内容很重要。

目前，人们对于演说，尤其是借助大量多媒体的演说，评判其质量的标准仍处在一个相对较低的水平。但这也许不是坏事，事实上，这是一个机会，让你脱颖而出的机会。如果你拥有值得分享的重要思想，那就不要再犹豫了。纵观全球具有创意的成功企业和组织，他们通常都会鼓励拥有独特而富有创意想法的人。在这种情况下，要敢于把你的作品展示出来，让别人知道你的想法。生命太短。如果你希望能够改变一些什么，包括自己的职业生涯，那么展示自我和想法就相当重要。为何不使自己变得与众不同而脱颖而出呢？

在这个案例中，观众（也就是这些学生）显然与演讲者和演讲内容没有任何连接。

观众与演讲者和演讲内容充分连接。

“概念时代”下的演说方式

由丹尼尔·平克（Daniel Pink）创作的畅销书《全新思维》（*A Whole New Mind*）是我最喜爱的书籍之一。汤姆·彼得斯（Tom Peters）甚至称此书是一个“奇迹”。《全新思维》一书为“演说之禅”设立了时代背景，平克以及其他作者将它称为“概念时代”。在这个时代中，“高感性（high-touch）”和“高概念（high-concept）”的能力显得尤为重要。“未来将属于那些拥有与众不同思维的人，”平克说，“设计师、发明家、教师、故事讲述者都用右脑思考问题，他们想象力丰富，且善于站在他人的立场看待问题。而这些能力恰恰是决定个人能否取得进步和获得成功的关键要素。”

在《全新思维》一书中，平克准确生动地讲述了当今职场人士所面临的危机和机遇。他声称我们正生活在一个崭新的时代，那些拥有与众不同思维的人将得到前所未有的重视。他说：“崭新的时代需要不同的思维方式和生活方式，而其中‘高感性’和‘高概念’两大能力尤为重要。高感性包括创造艺术和情感美的能力、发现模式和机遇的能力，以及构思巧妙故事的能力……”

但是，平克并不是说逻辑分析能力（所谓左脑思维）在“信息时代”很重要，而在全新的“概念时代”就不那么重要了。相反，逻辑思维自始至终具有重要的地位。仅靠“右脑思维”还不足以将飞船送入太空，也不足以找到治愈疾病的良药。这些任务的完成需要逻辑思维。然而，如今人们越来越清醒地意识到，要使个人或组织取得成功仅仅依靠逻辑思维是不够的。从许多方面来说，右脑思维与左脑思维具有同等的重要性，仅仅是在某些情况下右脑思维较左脑思维更为重要。（人类左、右半脑的差别只是一个基于两者生理的差异所做的比喻；任何一个健康的人即使完成很简单的一件事情，也要同时用到左脑和右脑。）

特别重要的是，《全新思维》提到了“六大感知力”，或叫作“右半脑驱使的六大能力”。平克认为，在依赖程度越来越高、自动化和外包越来越常见的当今世界，这六种能力是成功人士所应具备的。

这六种关键能力是设计（design）、讲故事（story）、整合（symphony）、移情（empathy）、幽默（play）和探寻意义（meaning）。它们虽不是成功的保证，但一个人想在当今世界取得成功、有所作为，那么具备上述六大能力是尤为重要的。下面主要讨论这六种能力在多媒体演说中的运用，读者大可将这六种能力运用到游戏设计、编程、产品设计、项目管理、医疗保健、教学以及零售等方面中。此处将丹尼尔·平克提出的这六种关键能力加以总结，如以下幻灯片所示。

这个幻灯片用来介绍丹尼尔·平克的《全新思维》一书中的六种能力。

幻灯片中所引用的图片、相框、标签、图示、背景来源于Shutterstock网站。

设计

对许多商业人士来说，设计就是覆在事物表面的东西，好比在蛋糕上裹一层糖霜，看上去很漂亮，却不是关键，起不到举足轻重的作用。我认为与其说这是设计，不如说它是装饰。装饰，无论好坏优劣，都是显而易见的。有的装饰让人赏心悦目，有的则让人烦躁不安。但不管怎样，装饰是实实在在存在的。然而，成功的设计往往不易让人察觉出它的存在，比如书本封面的设计、机场指示牌的设计等。我们关注的是通过设计被更清晰地展现的信息，而不是表面的配色、排版或概念等。

设计始于创作之首——绝不是事后考虑的行为。如果你使用幻灯片进行演说，那么应该在演说的准备阶段，甚至在打开电脑前就要着手设计这些幻灯片了。在演说的准备阶段，静下心来集中思考所要演说的话题、目标、关键词以及针对的观众等问题。只有那样才能设计出好点子，然后通过幻灯片表现出来。

讲故事

人们获得事实、信息或数据的途径有很多：上网、发电子邮件或邮寄包裹。和过去相比，这是一件相当容易的事。认知科学家马克·特纳（Mark Turner）把讲故事称为“叙述想象”，而这恰恰是一个重要的思考方式。我们在讲故事和听故事时会表现得非常兴奋，因为我们生来就是故事的讲述者（也是“故事的观众”）。在孩提年代，我们渴望“展示自己”，渴望“给别人讲故事”。于是一空下来便和小伙伴们聚在一起，说一些身边的，至少在那个年纪看来很重要的事情。

但不知从何时起，“故事”慢慢变成虚幻甚至是谎言的近义词。于是，故事本身也好，讲故事也罢，随着人们参与的减少，它们在商界和学术界被逐渐地边缘化。可是我从大学生们那里获知，讲述真实故事的大学教授往往是最受欢迎的，也是教学效果最好的。我的学生们还告诉我，在他们眼里,优秀的教授是不会照本宣科的，他们会融入自己的个性、性格以及经历，再将教学材料以故事的形式娓娓道出，令人受益匪浅、印象深刻。那样的教授才是好教授。好故事可以终生受用：用于传道授业，用于分享，用于启迪，当然，也可用于劝诫。

整合

专注、专业和分析能力在“信息时代”是十分重要的。而在“概念时代”，综合演绎能力及把看似无关联的碎片元素整合成新元素并将其清晰地呈现出来的能力更为重要，有时甚至被当作衡量个人能力的标尺。平克把这种能力称为“整合”。

优秀的演说家能够阐释未被发现的关联，能够“看清关系间的关系”。整合能力要求我们更透彻地看待事物，即以不同的角度看待问题。任何人都能演示大量的信息，并重述屏幕上呈现的内容。但我们需要的是能够发现不同格调，且嗅出细微差别以及化繁为简的能力。演说中的整合并非指“简化”信息，使其像电台广播或电视里常用的话语那样“标准化”。整合是指在演说之前，将我们所有的思维——逻辑、分析、演绎、综合、直觉——调动起来，从而看清周遭的事物（演说的主题），然后归纳出要点，分清主次。这也是一个对有用与多余信息进行取舍的过程。

移情

移情是一种情感能力，是设身处地去了解他人感受的情感体验。比如，优秀设计师具有将其置身于用户、顾客及大众立场上的能力。那或许更多的是一种天赋，而不是某种可以传授的技能。但至少每个人都可以在这方面努力做得更好。通过移情，演说者可以即时判断出观众是否听懂了自己表达的内容。一位具有移情能力的演说者能够根据自己对观众的解读，而对演说做出适当的调整。

幽默

平克提到，在概念时代，工作中不仅需要严肃和认真，还要懂得娱乐。虽然每次的演说环境各有不同，但在许多公开场合下，恰当的幽默可以使演说令人回味。此处“幽默”并非“开玩笑”或像小丑一样，而是引人会心一笑的经典幽默。在平克的书中，印度医师马丹·卡达丽亚（Madan Katatia）指出，许多人以为严肃的人最适合做生意，因为他们更具责任心，“但这种想法是错误的，是过去老套的思想，爱笑的人更有创造力，因而能创造出更多的价值”。

我在书中也提到，人们一直错误地认为，商业演说必定枯燥无味，其观众必定要忍受而非享受。同时，如果使用幻灯片，就要越复杂越好，越详细越好，越难看清越好。这种想法一直延续至今，但我们希望，将来此想法也会成为过时的想法。

最好的演讲者同最好的老师一样，通过幽默娱乐来激发观众的热情。

探寻意义

我不想小题大做，不过我确实认为演说就是一个机会，一个改变世界（或你所在的社区、公司、学校等）的机会，无论这种改变多么渺小。演说做得差，自己会很泄气，甚至事业也会受影响；相反，演说做得好，自己和观众都会有种满足感，甚至事业会因此而蒸蒸日上。有人说我们“为探寻意义而生”，为展示自我，为与他人分享重要之事而活。如果你现在干着一份自己热爱的工作，那么你是幸运的。倘若如此，你一定是兴致勃勃地期待与他人分享你的技能——你的故事。向他人讲授新事物、与人分享自己认为重要的事，从而相互交流，这恐怕是最有意义的事了。

对于现在所谓“标准”的幻灯片演示，观众虽然明知不够理想，但也见怪不怪了。然而，你若超出他们的预料，让他们看到你在为他们考虑，为演说做了充分准备，并将能给他们演说当作一种莫大的荣幸，那么你就很有可能带给观众影响和促使他们改变，哪怕改变再小，其意义都是深远的。

丹尼尔·平克在《全新思维》一书中提出的六种感知能力为我们勾画了所处的新时代的特征，阐明了高感性能力——包括杰出的演说技艺——在今天如此重要的原因。全球的职场人士都必须清楚地认识到，所谓右脑思维之六种感知能力——设计、讲故事、整合、移情、幽默和探寻意义——较过去更加重要的原因。拥有“全新思维”能力的工程师、CEO以及“有创意的人”将是现代出色演说者的主力军。当然，现代演说者仅拥有这些能力还是不够的，若再具备诸如出色的分析能力等其他重要能力，则一定能成为“概念时代”里与人交流的佼佼者。

赛斯·高汀（Seth Godin）

演说家，博客作家，
《这就是市场》（*This is Marketing*）的作者

市场营销专家，演说大师赛斯·高汀把演说比作情感的转移。

无论在教堂、学校或世界百强公司，只要做演说，也许都会用到PowerPoint软件。之所以开发PowerPoint，起初是工程师为了和营销部进行交流。该工具非常出色，因为它使密集的语言交流成为可能。你或许要问了，为何不发备忘录呢？现在还有谁会看那玩意儿？随着公司的快速发展，我们需要找到一种团队之间交流信息的途径。于是PowerPoint成了不二之选。

PowerPoint可以成为电脑中功能最强大的软件，但它目前还不是。无数创新均无果，原因是精英们无不按照微软的“指示”去使用PowerPoint，而那些指示恰恰是错误的。

所谓交流，是使他人采纳你的观点，了解你因何而喜（或悲，或乐，诸如此类）。如果只是以文档形式展示一组事实和数据，那建议还是取消会议，给每人发份报告。

人的大脑分左、右。右脑主司情感、音乐和情商；左脑则侧重思维、事实和数字。当你进行演说时，观众会同时调用左右脑。他们会用右脑来评判你的说话方式、着装和肢体语言。通常情况下，人们在你演示第2张幻灯片时已对你的演说优劣定下结论。此后，不论你再怎么努力，都于事无补。

逻辑混乱，或者事实缺乏根据，这些会破坏演说的效果，但情感因素是关键。演说时单有逻辑是不够的，因为交流就是情感的转移。

演说者必是向其观众及世人宣扬某种观点。如果观众都同意你的观点，你也就没有演说的必要了。难道不是吗？你只需把项目报告打印后发给在场的每一位观众，这样还可以节省时间。可情况并非如此，我们之所以做演说，为的就是提出自己的观点和看法，并被他人所接受。如果你相信自己的看法，就大胆地提出来！尽可能做到有理有据，从而达到演说的目的。观众会为此感激你，因为每个人在内心深处都渴望得到他人的支持和认可。

如何立竿见影

1. 幻灯片上的内容不应是你叙述要点的重复，而应起到一个推波助澜的作用。每张幻灯片要力求做到可以证实所述内容不仅准确，而且可信。而做到这一点，感情投入是必需的。切记每张幻灯片上不要超过六个词！再复杂的演说也得做到这一点。

2. 不要使用质量差、低俗的图片。图片要有针对性。假设谈论的是休斯敦的污染问题，那么可以一边讲述污染现状，一边展示鸟儿死亡、烟雾粉尘的图片，甚至是一张病变了的肺部的照片。仅仅引述几行美国环保署公布的数据是远远不够的。前者看似有些愚弄众人、有失公允，但确实有效。

3. 不要使用渐变、旋转或其他幻灯片切换效果。一切从简。

4. 为观众准备一份书面文档，上面标好脚注及详细要点，篇幅不限。演说伊始，就告诉他们，演说结束后会将此次演说的详细文档发给在座各位，因此不必做记录。一定要记住，演说的目的是动之以情，使观众为你所讲而动容；而书面文档可以晓之以理，使观众为你所述而折服。

绝不要把一套幻灯片打印出来发给观众。没有你的解说，这些幻灯片就是废纸一叠。

具体做法很简单：播放一张幻灯片，使观众产生情感上的共鸣。观众会端坐着等待你为图片做解说。如果你的解说做得恰到好处，那么只要他们一想到你所说的话，就会记起那幅图（反之亦然）。这的确与众不同。但当别人都在循规蹈矩之时（这很容易），你却做出了大胆的革新。如此作为，绝非易事。

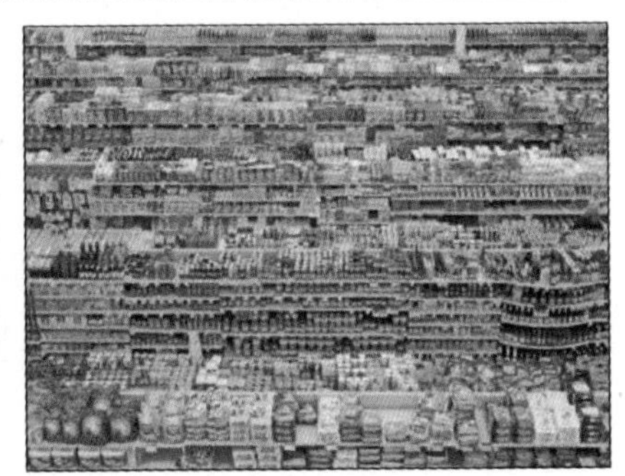

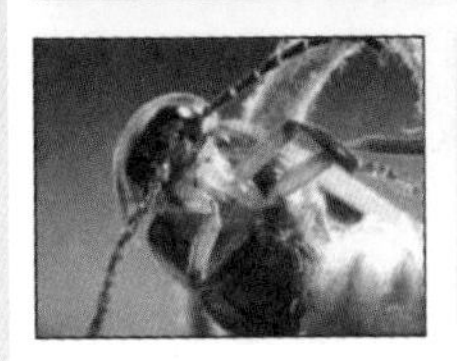

示例幻灯片

这是赛斯曾经使用过的一些幻灯片。如果没有他的解说，它们几乎毫无意义。通过赛斯对这些图片饶有趣味的阐述，每一张图片都有一个令观众难以忘怀的故事。

新时代需要新思路

如今，与人进行高效沟通的技巧较过去发生了许多改变。我们不仅要会读写（那是必不可少的），还要懂得视觉沟通。我们需要更高的视觉认知能力，同时还要意识到图片在表述重要信息时所发挥的巨大作用。

设计图画并将其用于现场演说的人把PowerPoint 看作一种创建文档的工具。他们所遵循的原则以及采取的技巧常常受到商业文件固定模式的束缚，例如信函、报告及表格等。许多商务人士和学生在使用多媒体制作幻灯片时，设计套路似乎就是文本框、大小标题再加张剪贴画，仅此而已。

如果想将演说做得更好，那么仅阅读关于PowerPoint 的使用方法以及演说技巧类的书（包括此书）是远远不够的。那些书自有些许道理，但你还应借鉴业已被证明有效的，具有视觉效应的故事叙述等形式。比如，纪实电影就是讲述非小说类故事的媒介，其中集叙述、采访、音频、视频、照片和字幕于一身。这些要素也可以应用到演说中。做电影和做演说是两码事，但也并非如我们认为的那样风马牛不相及。我看过肯·伯恩斯（Ken Burns）导演的所有纪录片，从中学到了讲故事时使用图画的许多方法。你还可以从一些优秀的影片中借鉴叙事与视觉语言的使用技巧，比如《公民凯恩》《卡萨布兰卡》《入殓师》，甚至《星球大战》三部曲。

漫画是获取新知和灵感的又一源泉。漫画将文字和图画完美地结合起来叙述故事，令人印象深刻、难以忘怀。

漫画和电影是借助图画讲故事的两种表现手法。这里我们需牢记一点：会议演说或主题发言完全可以借鉴一部好的纪录片或漫画所遵循的原则和使用的技巧，而那种传统的以罗列要点为主的商业文件形式是绝对不可取的。

告别过去

“演说之禅”的指导思想要求我们摒弃在PPT 时代养成的有关设计和演示幻灯片方面的不良习惯。我们首先要做的便是对过去大脑中固有的演说方法说不，比如每张幻灯片上应有7句话，此外还需插入什么剪贴画等。可是，遵循传统思想的演说者并没有为此丢掉饭碗，不是吗？但是如果始终一如既往，那么我们不会获得新知。因此，必须打开思路，以一个全新的视角去看待这个世界。正如来自遥远的银河系的尤达大师（Master Yoda）所说，我们必须忘却过去学过的知识。

（幻灯片中的图片来自于Shutterstock网站）

练习

你可以选择独自一人或一组人进行头脑风暴，审视你们公司对幻灯片演说的看法以及指导思想是否正确。想一下，造成目前幻灯片演说一团糟的原因是什么？如何使其变得和谐一致？对于幻灯片的设计和演示，有什么问题需要重新考虑？在设计和演示过程中，又是什么原因导致演说者本身和观众感到“痛苦不堪”？过去是否过于看重华而不实的东西？那些华而不实的东西又是什么？今后应该把重点转移到幻灯片的哪些方面？

本章要点

- 优秀的幻灯片应像日式便当那样，内容排列得当，高效、优美，毫无赘饰。演说内容应力求达到简约、平衡，并富有美感。
- “禅之于演说”是一个指导思想，并非一系列固化的、使人按部就班的规则。设计和演示幻灯片的方法有很多。
- 演说之禅的几条根本原则：准备时要克制，设计时要简约，呈现时要自然。这些原则同时适用于技术和非技术性的演说。
- 堆满文字的幻灯片十分乏味而且效率低下，但是人们对这种演说方式习以为常，见怪不怪。问题不在于某个软件或技巧，而在于所养成的不良习惯。软件确有优劣之分，但是用旧版本的PowerPoint Keynote同样可以做出效果非凡的幻灯片。
- 在“概念时代”，优秀的演说者需具备“全面思考”的能力，并能同时征服观众的理智（左脑）和情感（右脑）。
- 在多媒体辅助下的现场演示好比是讲故事，其采用的技巧与纪实电影和漫画有着更多的相通之处。如今现场演示中讲述的故事必须依靠图画以及其他多媒体的辅助。
- 我们已认识到一直以来导致演说低效的种种不良习惯。改变这种现状，首要做的改变就是告别过去。

准备

清醒的自制能孕育强大的力量。

——詹姆斯·拉塞尔（James Russell）

2

创造、限度和约束

在第3章，我将谈到演说的准备步骤。本章我们先来谈谈准备过程中通常被忽略的创造力问题。你或许认为自己不是一个有创造力的人，更别说把自己当成设计师、作家、艺术家等创意大师了。但是演说内容的构思——尤其是通过多媒体演示的内容——是需要创造力的。

我在课堂及研讨会上遇到的很多学生和专业人士，他们大部分认为自己“不是具有创造力”的人。有些人毫无疑问是谦虚，但我相信大多数成年人真是这么认为的。他们相信“创造力”根本就不是一个用来形容自己的词语。但是，他们在自己的工作中表现出色，也过着幸福和充实的生活。那么他们凭什么认为自己没有创造力？他们又怎么知道自己的工作不需要较强的创造力？和这些人形成对照的是，如果你问教室里的孩子们他们是否具有创造力，每一只小手都会举起来给予肯定的回答。

巴勃罗·毕加索（Pablo Picasso）说过：“孩子天生就是艺术家，问题是他们长大后如何保持自己的艺术家天分。”创造力同样也是如此。我们生来就富有创造力，如今不论你的事业生涯如何，你依然具有创造力。表现创造力的方式有许多，幻灯片的设计和呈现就是其中之一。

演说的准备过程亟须或理应需要创造力，需要同时调用理性“左脑”和感性“右脑”，其中设计十分重要。谁说商业演说和创造力没半点关系？难道所谓商业就仅局限于数字处理和营销管理吗？难道学生不能通过学习优秀

的设计思维方式而成为未来的商业领袖？难道“设计思维”或“创造性思维”不是职场人士应具备的重要能力？不论他们学的是什么专业，手头又有什么任务，设计思维的重要性不可小觑。

一旦你认识到准备演说需要创造力而不是简单地以线性的方式堆砌事实和数据，你就会发现，这一过程其实是一个调动“全部思维”的活动，需要左右脑思维的共同参与。当然，做调查研究时，大量的逻辑分析、计算和严谨的论证是靠左脑思维的。但是，将这些全部转为演说则更多地需要右脑思维。

始于初心

禅门老师常会提到“初心”（初学者之心）或“童心”。人若能以一颗童心看待生活，他一定精力旺盛、充满热情，且易于接受各种思潮和做法。“初生牛犊不怕虎”，所以孩童敢于探索、发掘和尝试新事物。倘若你怀着初心面对一些创造性事物，则能将其看得更清，不受传统思维与习性的束缚。初学者思想开放，包容力强。他们爱说“为什么不……”“让我试一下”之类的话，而不是“这可没做过……”或“这可不常见”。

当你以一个初学者（即便你已是经验丰富的成人）的心态面对挑战时，你不会惧怕失败或担心犯错。你若怀着“老手的心”去处理问题，则会忽视其他解决之道，原因是你会受到旧思维的牵绊而与新事物、新方法绝缘。以老手自居的你会说“那样做是行不通的”，抑或“根本不能那样做”。但你若有初心，则会说“那样做有什么不行吗？”

怀揣初心，便无所畏惧。我们都害怕犯错，唯恐受人指责，这是人之常情。但是这种担忧实在不可取。犯错和具有创造力虽说是两码事，但你若不愿犯错，真正的创造力又从何而来？你若总是缩手缩脚、不愿冒险，就只会采取保守的做法——那些被前人所认可的做法。寻着“走过的道”有时的确可能找到“出口”，但在决定走“前人走过的道”之前，要先想一想它是否真的是最好的解决方案。你若开明，就会发现公认的方法有时的确奏效。但是选择业已被公认的方法去解决问题，不应该是机械的惯性选择，而是经过内省，以全新的眼光和角度思考问题后的结果。

孩子生来具有创造力，他们生性爱玩、敢于探索。孩提年代的我们才是我们的本真。那时的我们会聚精会神地创造“艺术”，一做就是几个钟头，原因在于那“艺术”就在我们心中。随着年龄的增长，恐惧、疑虑、自我审视以及过度思索便开始蔓延。看一看身边的孩子，就会认识到：现在的我们仍具创造力，这才是真正的自我！无论你是28 岁还是88 岁，一切都不迟，因为人人皆有颗未泯童心。

初学者可包容万物，而老练者则反之。

——铃木俊隆（Shunryu Suzuki）

演说是创造的艺术

不仅艺术家、画家和雕刻家要有创造力和想象力，教师也要有，程序员、工程师、科学家也不例外。在许多职业中都需用到创造力和想象力。美国航空航天局的工程师们通常习惯左脑思维，但正是他们在地面上急中生智寻得对策，才使阿波罗13 号航天飞船受损舱体内的二氧化碳问题得以妥善解决，否则后果将不堪设想。而他们临时用胶布和备件的大胆举措则散发出智慧的光芒，靠的都是丰富的创造力和想象力（右脑思维）。

所谓具有创造力，并非指穿时尚衣、听爵士乐、品卡布奇诺咖啡。它是指唤起全部思维以寻求解决问题的方案。只有具有创造力的人才能够不受陈规和条条框框的羁绊（有时速度极快），去探寻未知问题。解决未知问题，逻辑分析能力不可少，但也需要考虑全局。而对全局的考虑，靠的是右脑，即创造力。

回到PPT 会议演说，看似稀松平常，但其却是创造力的集中体现。每一次演说都是展示自我、展示企业的机会。做演说，就是要使观众信服，你所讲的何等重要、何等有用。因此，为何要把演说做得和别人一样？为何总要如他人所愿？又为何不做得超然脱俗，使人耳目一新呢？

人人都有创造力，而且比我们自己所料想的还要丰富。因此，每个人都要努力挖掘自己创造的潜能，充分发挥个人想象力。布兰达·尤兰（Brenda Ueland）所著的《假如你想写作》（*If You Want to Write*）是我读过的最具启发性的书籍之一。该书于1938 年首次出版，我觉得名为《假如你想拥有创造力》似乎更恰当。书中简单但智慧的建议不仅对写作爱好者有用，对所有希望在工作中更具创造力的人同样奏效，甚至可以使某些人，如程序员、流行病学家，以及设计师和艺术家等，迸发出创造的火花。下面是布兰达·尤兰的一些看法，将其熟记于心，相信不论对演说的准备还是对任何需要创意的工作都大有裨益。

让自己尝试去创造

“我可没创造力。”呵，这可真是我们向自己撒的一个弥天大谎。你也许不会成为第二个毕加索（还是那句话，你怎么知道不会？）。不过这不重要，关键是你不要妄下结论，提前打退堂鼓！失败没关系，而且也是必要的。失败使人痛苦，但那种痛只是一时的；相比之下，没有勇气去尝试、去冒险——尤其是出于害怕遭人非议的想法——这要令人痛苦得多。失败是过去的事，发生了也就结束了，转瞬即逝。反倒是“那样做的话会不会……”“要是当初我那样做的话会……”之类的种种踌躇，整日缠于脑际，挥之不去。如此下来，这沉重的思想包袱必会扼杀你的创造力。抓住机会放松自我吧。人生仅一次，且转瞬即逝。何不施展才华、证明自己呢？你会令他人刮目相看。更重要的是，你会为自己而喝彩！

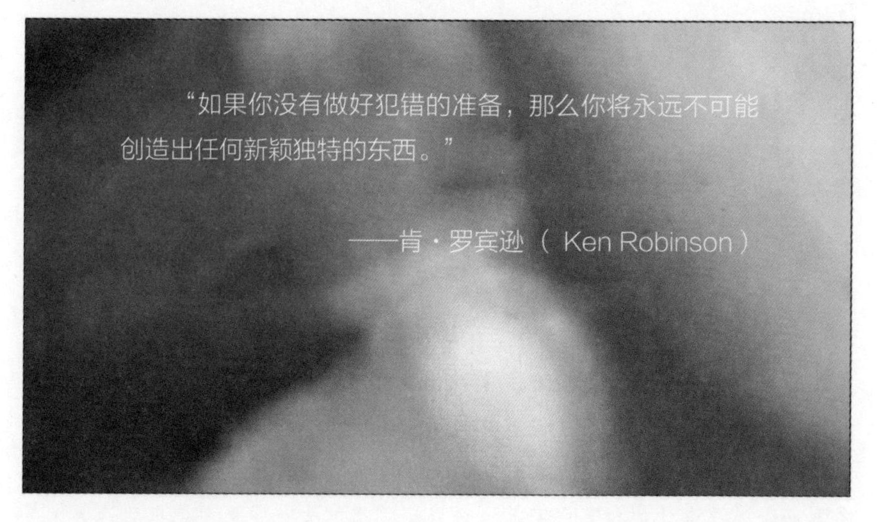

这张幻灯片来源于我的演讲“21世纪的教育”。引言来自肯·罗宾逊在TED大会中的演讲“学校会扼杀创造力吗”（2006年）。

勇敢一些

灵感藏在哪里？随处即是。但若墨守成规、循规蹈矩，终将与灵感无缘。灵感有时存在教学之中。在传授知识的过程中，你自己会对所讲内容有新认识；再加上受到学生热情的感染，这些即会激起你灵感的火花。布兰达说："我所能帮他们的，就是让他们更自由、更无畏。放手去吧！不要顾虑重重！要像狮子一样勇猛，做个海盗！"自由太重要了！要像孩子般地自由自在！这一点大家都清楚，只是需要不时地提醒自己罢了。

放空自己

惬意的闲暇时光对于个人十分重要。许多人，包括我自己，终日忙碌，担心无所作为。可是，好点子往往得于"懒散"之际，就在"浪费光阴"之际油然而生。面对工作挑战，人需要暂时退而避之——去海边散步，到林中小跑，骑骑车，又或在咖啡厅花上四五个钟头，边读报纸，边饮咖啡。如此这般，你便会精神焕发。有时你需要一个人独处一会儿，放缓忙碌的脚步，那样才能以别样的眼光看待周边事物。经理们若能明白这个道理，便会给下属足够的休息时间（只有对下属绝对信任，他才会做到这一点）。这样的经理才是可靠的，也是最棒的。

投入激情

爱、激情和想象力是创造力的源泉。无激情便无创造力。有悄然无声的激情，也有高亢激昂的激情，不过关键是一定要真挚。我曾经出色地完成了一个长期项目，一位先生对此评论道："好吧，你有热情，我会给你的。"这似褒实贬的评价不是在挖苦我吗？这种人令人扫兴，全然不知何谓激情。生命短暂，我们大可不必与此类人为伍，对于那些只会泼冷水的人更是如此。至于我们会给别人留下何种印象，别人会对我们的激情做何评论，随他们去好了。

罗斯·费舍博士

英国谢菲尔德儿童医院　儿科外科专家

为了表彰罗斯博士在医学教育和演说技能方面的贡献，加拿大医学院（the College of Surgeons and Physicians of Canada）在2019年聘任其为哈利·圣·莫顿外科客座教授。

演说能力对于医学教育是至关重要的。因为大量的信息是在报告厅或者医学会议上被传递的。但是面临的情况却是：只有非常少的信息被留存下来。这并不是因为演说者或观众不用心或不努力，而是在于演说者缺乏驾驭演讲的能力。掌握有效的演说技能会明显改变医学教育的水平，甚至为病人康复带来福音。

大多数医学演说者没有被训练演说方面的技能。尽管在开始学医时，他们被构建了相关医学知识和方法，但是他们也仅仅是被这种体系大概地复制。而后他们又会遵循旧例，继续教育他人。这种持续保持的低水平的演说技能，浪费了大量的医学教育时间，使得医学教育效率低下。这种循环必须被打破，瑕疵也必须被修复。

作为一个外科医生、研究员和教育者而言，《演说之禅》使我开阔了眼界，也为我的教育方法带来了彻底的改变。我发展了关于医学演说的P立方体理论。虽然我做的改变很小，但是带来的效果却非常显著。

作为临床医生，我们需要构建演讲能力。因为我们不仅仅要传递大量的数据，而且要让别人更容易理解所学内容，提供过多的信息并不能丰富他人的知识。

我认为，一个高效的医学演说由3个要素构成：故事（P1），支撑故事的媒介（P2），有效地传递（P3）。演说的价值就取决于3个要素的乘积——这也是我所谓的P立方体。

媒介并不是指材料上的手稿或者图片，或者演说的替代品，而是用来使演说更易于被说明和支撑的。使用了大量文字的幻灯片往往会降低培训效果，并且阻碍信息的获取。如果你的观众为阅读、理解和记录幻灯片上的文字而苦恼，那么他们很难全心投入你的演说，更谈不上吸收什么有价值的东西。不要使你的媒介（P2）妨碍你的信息传递（P3）。复杂的信息应该出现在提前散发的讲义上，而不是出现在屏幕上。

医学演说往往有一些明显的不足之处：把参考文献写得很小，原样引用期刊上的图片，直接从文章中把图表复制过来。原样复制这些并不能提高传播的效率。明白印刷资料与演示呈现资料的不同对于提高你的演说技能而言是非常重要的（P3）。与此类似，积极与观众进行互动，并展现对于内容的热情，是演说者提高演说能力的必要因素。

罗斯・费舍教授在2019年于伦敦“不要忘记泡沫医疗会议”上演讲。更多演讲请查询会议网站（dftb19网站）

教育学和心理学对于改善医学演说水平有很大帮助。我们应摒弃因循守旧，让演说不是堆积大量数据，而是充满激情和热情，让学习更有效率，并进而改善护理和治疗病人的方法。

“积极与观众进行互动，并展现对于内容的热情，是演说者提高演说能力的必要因素。”

——罗斯・费舍教授

在约束中创作

我有两位朋友在日本环球影城工作，一位是艺术总监Jasper von Meerheimb，另一位是环境绘图总设计师Sachiko Kawamura。他们为日本Design Matters 公司做了一场出色的演说，主题为“约束激发创意”。他们在演说中谈到了如何构思，以及如何根据有限的时间、地点及预算实现自己的设计。对于专业设计师来说，创作原本就是在外部的种种约束与限制下进行的。至于约束起到了推动还是阻碍作用，都无关紧要，世界本就是如此。正如前田约翰（John Maeda）在他的《简单法则》（*The Law of Simplicity* ）一书中所说，时间有限是最常见的约束，但在紧迫的时间中人们往往能激发出富有创意的点子。

客户、老板等人往往会提出一系列的要求，设计师需要按照这些要求创造性地完成设计。这对他们来说就是家常便饭。然而，对于更多的非设计人员来说，因为手头有强大的设计工具，所以根本无法理解种种约束和限制的意义。对于一个在设计方面未受过培训的人来说，在使用当今的软件工具设计演说幻灯片（或海报、网站、业务简报等）时，他不是迷茫于多如牛毛的选择，就是对如何把自己的艺术感知力运用到作品感到无所适从，比如选择什么颜色、形状和特效等。上述两种情况往往都不会使设计令人满意。我们可以向专业设计师学习的是：约束与限制是强大的“盟友”而非“敌人”；为自己设限，限制能激发创意。

为自己设限，则可以使自己将要传递的信息（包括视觉信息）组织得更有条理。

Pecha Kucha Night 42
Tokyo
Pecha Kucha Night 42
Tokyo

Pecha Kucha：约束的艺术

Pecha Kucha（日语意为“闲聊”）是在2003年由两位旅居东京的建筑设计师马克·戴瑟姆（Mark Dytham）与阿斯特丽德·克莱因（Astrid Klein）发起的一场全球演说风潮，是人们对于幻灯片演说的传统态度发生改变的一个体现。这种演说方法很简单，要求演说者使用20张幻灯片，每张幻灯片的讲解时间为20秒，整个演说历时6分40秒。幻灯片是自动切换的，幻灯片播放结束，演说也随之结束。这种简单而严格的限制是为了保证演说能够简短而精辟，使更多人在一个晚上的时间里获得演说的机会。

从阿姆斯特丹到奥克兰、从威尼斯到维也纳，全球有80多座城市都有Pecha Kucha之夜。东京的Pecha Kucha之夜通常在时尚的多媒体会场举行。我参加过一次，感觉那种氛围既有正式会议的严肃，又有夜总会的轻松。

我觉得Pecha Kucha是一种不错的训练和实践，值得大家一试。即使在实际工作环境中不会用到这种演说方法，这对你的现场表述能力也是一种极好的锻炼。是否将Pecha Kucha的“20×20 6:40”模式完全照搬到公司或学校并不重要，重要的是其精髓及“诱导性约束”的理念是适用于几乎所有的演说场合的。

Pecha Kucha式演说的确很难使话题深入。但若在演说之后，随之而来的是热烈讨论，那么甚至是团体都可采用此类演说形式。我可以想象学生们使用这种方式演说的场景：首先简要精练地介绍研究项目，然后导师和同学们进行深入的探讨。一成不变的45分钟典型幻灯片演说与6分40秒紧凑的演说加上半小时的提问和讨论，对于学生来说哪种方式更有难度？哪种更能彰显学生的知识面？另外，如果在7分钟内还表达不清主旨，那么这个演说也就不必做下去了。

你会在一系列禅道中发现，严谨的研究、操练以及严格的约束能够激发出个人的创造力。比如日本历史悠久的俳句，它就有各种严格的约束，但通过大量的操练还是能创作出不多于17 个音节的句子，既抓住了语言细节，也展现了含义精髓。日本俳句在形式上有着严格的限制，但正是这些约束，才使作者得以表现特定的含义，使其语言微妙且有深度。在《无为而活》（*Wabi Sabi Simple*）一书中，作者理查德·鲍威尔（Richard Powell）谈到日本盆景和俳句的宅寂（Wabi Sabi）、自制和简练时，做了如下评价：

> “传递信息，需抓主弃次。过于烦琐，只会令人生惑。简洁方能让人思路清晰。”

人在一生中需要面对各种约束，但它们并不一定就是消极的。实际上，约束对我们是有益的，甚至能激发挑战自我、另眼看世界的魄力。当我们被临时要求做一个20 分钟的即兴演说或在45 分钟内汇报调查报告的结果时，时间、方法方式和预算都受到了限制。此时我们须深思熟虑，综合考虑实际情况，做好准备，使演说做得内容清晰、切题，安排得当。

随着我们的生活变得愈加纷繁复杂，面临的选择也与日俱增。清晰的构思、简练的设计也显得越发重要。清晰和简练不正是人们孜孜以求的目标吗？但是能够做到的却少之又少（正因为此，简约清晰也就备受推崇）。你想一鸣惊人吗？那么就将演说做得美观一些、精练一点吧。

与众不同是需要创造力和勇气的。观众们期盼看到一个富有创意、英勇无畏的你！

本章要点

- 演说的准备、设计构思以及最后的演示都需要创造力，而我们每一个人都有这样的创造力。
- 创造力意味着敞开心灵，意味着敢于犯错。
- 约束不是敌人而是盟友。
- 在准备演说时要发挥约束的作用，并坚持做到简单、清晰和精炼。

when making
a decision

Practical
decisions
based on
own will

Across
different
of the
world

Listen & don't
judge others
Allow others to
Clarify themselves

decisions come
from feelings
inside
(intuition)

Changed
schools

stress
sleepless
nights
thinking

different
perspective:
people

Chose
flexible
first.

all
over the place
scattered
thinking

practical
support

Logical

Excited about
one on one
expert
follows

Trial &
Error

Cast net
wide, try
things, google
half feasible

3

一切从构思开始

在准备演说时，切记要远离电脑。许多人犯的一个根本性错误就是，大部分时间都坐在电脑前面，琢磨着怎么讲，讲什么。其实在设计之前，首先要做的是对演说全盘考量，并确定主旨，只有心绪平静才可能做到。如果注意力都在幻灯片制作上或者不断被社交媒体所打断，那么心思是难以平静下来的。

大多数人从一开始就喜欢使用软件去构思演说中要用的幻灯片。实际上，这是软件开发人员乐意看到的，而我并不推荐这样做。我认为在设计前期用笔在纸上“模拟”出构思的做法更好，那样思路会更清晰。在我们随后将其“数字化”时，一些富有创意的想法便会自然涌现。通常人们使用软件来制作幻灯片，在电脑前一坐就是很长时间。我把抛开电脑构思演说的做法称为“模拟化构思”，用以对应在电脑上进行的“数字化构思”。

放慢节奏

生活中放慢节奏不仅能使人活得更健康快乐、工作更有成效，也能让人的思路变得更清晰。这一说法乍听上去不免有些荒谬，因为生意场上速度就是一切。创新也好，市场也罢，快速是关键。

然而，我在这里谈的是一种心境。你要处理的事情太多太多，这是毫无疑问的，你很忙碌。但是问题不在于“忙碌”本身。一天中似乎总有做不完的事情；有许多事你很想去做，但时间上又不允许。这就是每个人所要面对的时间上的约束。但时间紧却可以化作一种鞭策，激发人的创意，使问题迎刃而解。因此，问题不在于“忙碌”本身，而是“忙乱”。

当你感到有紧迫感、思维涣散、心不在焉时，你便处于一种忙乱的状态。尽管你已经在尽力做事，但你希望能做得更好，你相信自己可以做到。这种想法很好，但是在忙乱的状态下你很难静下心来思考问题，只能是应付了事而已。于是你选择尝试，深呼一口气，琢磨着下周的重要演说，然后打开电脑开始构思。这时办公室的电话和手机同时响了，你把电话转为语音留言，接了手机，因为是老板打过来的。电话里老板说：“马上准备好测试报告！”这时新邮件提示音也响了。一位大客户发来邮件，标题是：“紧急！测试报告不见了！！！”没过一会儿，同事又从门缝探进脑袋，说：“嘿，测试报告不见了，你知道吗？”即便你知道现在不是处理这份报告的时候，但你还是去办了。在这种环境下，想要“放慢节奏”或平静“思绪”，谈何容易。

“忙乱”会扼杀创造力。原本可以召开研讨会或主题演说，使人们参与到热烈的讨论之中，可是由于时间紧迫，便改为一堆幻灯片的展示会。受时间所迫，人们不过是将过去的幻灯片临时拼凑在一起作为新演说的内容，然后就开始演说，结果交流不畅，观众也受罪。没错，我们忙得快要发疯，那就更不应该用凑数的幻灯片去打发观众，浪费他们和自己的时间。要想把一件事做得更好需要做到独具匠心，同时还要为自己留出一片独处的时间和空间。

设计师、音乐家，甚至企业家和程序员，这些创作精英们无不以独特的眼光看待事物，并都具有敏锐的洞察力和独到的视角，还会提出与众不同的问题（答案很重要，但是提问更重要）。对于多数人来说，这种洞察力、见识以及灵感只有在放慢思绪，对事物做全面考虑后才能产生。不论从事何种职业——科学家、工程师、医生或商人，在构思演说时，都需要远离电脑片刻，而且最好有独处的空间。

许多幻灯片演说之所以没有达到预期的效果，其原因之一是如今的人们不会花（也没有）足够的时间去分清主次。演说做得毫无新意并不是因为演说者不够聪明或缺乏创造力，而是因为他们没能静下心冥思片刻。只有在“无电脑、无网络”的条件下，才能纵观全局、明确核心部分。

独处并不意味着独自一人，我就发现了一个很好的独处空间——楼下街边的星巴克餐厅，那里的服务人员都叫得出我的名字。餐厅内有时虽然很喧闹，不过人们很惬意地坐在沙发上，听着舒缓的爵士乐。就在那里，我拥有一个独处的空间。我并不是说越多的独处时间就一定能够弥补思想上的匮乏，激发更多的创意或灵感。不过尽可能多地抽出一些时间独处，还是颇受益的。至少对我来说，独处更易于集中思想，使我思路更清晰，更好地把握全局。清晰的思路和对整体的把握是一场演说的精髓，而这恰恰是大多数演说没有做到的。

我不想把独处的作用说得过于玄妙。很明显，独处过多也有害处。然而，在当今这个繁忙的世界里，又有几个人能享受过多的独处时间呢？对于大多数的职场人士来说，能够独处简直比登天还难。

独处的必要

许多人认为独处是人的一个基本需求，如果无法满足这一需求，身心都会受到影响。精神分析和临床心理学家艾丝特· 布赫兹（Ester Buchholz）在"独处时间"方面进行了毕生的研究。她于2004 年逝世，享年71 岁。布赫兹教授认为，人们低估了独处的作用，同时高估了群聚的影响。她认为，如果要挖掘创造的潜力，那么独处是尤为重要的。她说："生活中的创意往往源于独处，独处是解决生活中疑难问题所必不可少的良药。"她接下来说的话，我用一张幻灯片展示给大家。我在做以创意为主题的演说时，通常会用到这张片子。

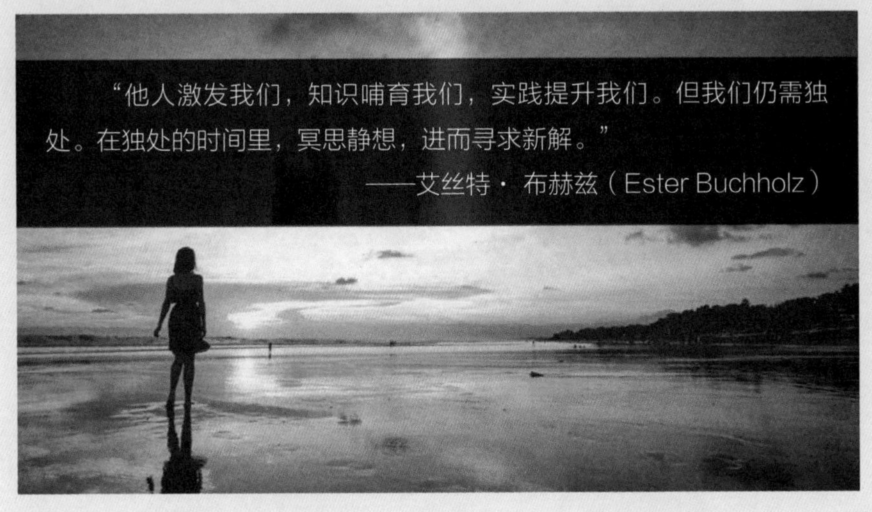

图片来源于 Person Asset Library

森林浴

我住在日本的奈良。这是一座被森林环绕的城市。我总是在城市周围的森林中慢跑或散步。如果我要准备一个重要的演讲或者其他烦心的项目，我会带一个小型的数字录音笔，然后不去想当前的问题，而是在森林中漫步。当有什么灵感闪现，而且这个灵感也值得记录下来时，我会用录音笔记录下来。这种数字录音笔很便宜，而且也不用担心会漏掉什么好想法。我也尝试过用手机来进行录音，但录音笔更加轻巧和便携。而且更为重要的是，录音笔不会使我为手机而分心。

我非常喜爱大自然。2008年，我在写《演说之禅》第1版的时候，偶然发现了“森林浴”的概念。中文里面也有类似的说法。在中文里面，这三个字代表着森林、树木、沐浴。很多时候森林浴往往是指在森林中养生，因为在树木茂盛的森林中待一段时间后，会有明显的保健效果。

森林浴这个词是1980年之后才慢慢被使用的。在2000年左右，李卿博士和东京日本医科大学的相关专家最早把森林和健康管理相结合并进行研究。李卿博士是东京日本医科大学的副教授，也是森林浴方面的顶级专家。李博士已经在森林浴方面进行了30多年的研究，并发表了很多关于森林环境与人类健康、疾病治疗方面的科学论文。

我推荐大家看一下李博士在2018年4月出版的《森林浴：森林如何帮你找到健康和快乐》（*Forest Bathing: How Trees Can Help You Find Health and Happiness*）一书。这本书很好地介绍了森林浴。李博士认为：“森林浴有助于你的睡眠，并且使你保持一个好心情。森林浴不但可以降低你的心率和血压，而且可以改善心血管循环，促进心脏健康，更为重要的是，还可以激活你的免疫系统。”

关于森林环境对于人类健康的研究，很好地说明了在森林中漫步可以使我们的心绪更加宁静，思路更加清晰，也有助于改善我们的记忆力和解决问题的能力。有文献也证明了经过一段时间的森林浴之后，可以提升创造力。

李博士说：“根据犹他和堪萨斯州立大学的报告，花时间待在森林里面之后，可以使得解决问题的能力和创新能力提高50%左右。”

你可以做的最简单的事情就是，在森林里面漫步一段时间，这样可以让你的心绪宁静，改善情绪，激发活力。这些建议虽然依托于学术研究，但是我们可以通过直觉和经验所感知。但是大多数职场人士，包括学生，都在室内耗费了太多的时间。我们应该推开房门，走到大自然之中。如果你纠结于需要准备演讲或者其他什么，不如到森林中漫步一下。如果你的周边没有森林，则不妨到周边的公园走走，也是一个好办法。

自行车式还是汽车式

软件公司向我们提供了不计其数的幻灯片制作模板，虽然有时候会派得上用场，但更多时候只会干扰我们，起到适得其反的作用。视觉设计专家爱德华·塔夫特（Edward Tufte）对此有一个很中肯的评价，他曾说，对于PowerPoint我们要认识到，它会造成内容过于空泛，同时使传递的信息杂乱无章。诸如PowerPoint和Keynote这些幻灯片制作软件的确会对我们的演说起到辅助作用，可是如果使用不当或不慎则会产生副作用。

大约35年前，在硅谷，史蒂夫·乔布斯（Steve Jobs）曾和其他人士谈到个人电脑的巨大潜能以及如何设计并使用电脑才可以最大限度地发挥人类的才能等问题。他在纪录片《回忆和想象》（*Memory and Imagination*）中说道：

> “我认为，电脑是人类有史以来最伟大的工具。有了它，人类的心智好比骑上了一部单车，可以任意驰骋。”

人类算不上移动能力最强的动物。但是有了自行车，情况可就不同了。自行车使我们的移动能力无限扩大。这难道不是电脑——当今最强大的工具——应该起到的作用吗？

在演说的设计阶段，电脑所起的作用是如同载你自由驰骋的“自行车”还是将你限制其内的“汽车”呢？前者会令你思维开阔，而后者已有的功能只会禁锢你的思想。自行车式地使用电脑，思维会得到开发；而汽车式地使用电脑，只会使思维困钝。

仅仅了解幻灯片制作软件中的条条框框的使用方法和某些演示技巧是不够的，你还需要充分认识演说的创作和设计原理。一个理想的软件并不会给你设定太多条框和规矩，相反，它会激发你的创意，提升你的才干。为了使电脑和制作软件为展示我们的才思发挥最大的效力，请关闭电脑，离开它一小会儿。等你准备充分了再打开它也不迟。

创意工具

在准备演说或其他重要活动时，我最常使用的工具是一叠黄色的书写纸、数支彩笔和一本记事本。如果在办公室，我还会用到大白板。数字科技虽然强大，但仍比不上纸笔那般方便和快捷，也无法像在大白板上那样随意添加或删除想法。

大多商务人士甚至大学生都喜欢直接用幻灯片准备演说内容。关于这一点，你可以向设计师学习：多数设计师——包括玩电脑长大的年轻一代设计师——通常先在纸上勾勒出各种奇思妙想。

有一次，我拜访苹果公司的一位创意总监，向他讨教对我们当时一个项目的高见。他说自己有好多想法要告诉我。我当时猜想他肯定会用幻灯片或影片，至少是彩打图片向我演示。但当我走进他的办公室后，却发现桌上硕大的苹果显示器是关着的（我后来得知，这位杰出的设计师连续几天都没开过电脑）。他拿出一卷纸，纸上记着他的想法，铺开足足有五米长！上面有手绘的图画和文字，好似一幅巨大的漫画。这位富有创意的总监从纸的一端开始，带我领略他的奇思妙想，时而会停下来做些修改或补充。介绍完毕，他把纸卷好递给我，说："你拿去吧。"我将在后面介绍的PPT使用中引入他的一些主张。

“有了创意，没有机器也能办事。有了创意，机器才开始为你效劳……你尽可在沙地上用一根细棍绘出创意。”

——阿伦 · 凯（Alan Kay）

摘自1994 年对Electronic Learning的采访

纸笔

我经常会在办公室以外的地方工作，比如咖啡馆、公园或是开往东京的新干线列车。虽然我基本上都会带着手提电脑，但我还是喜欢用纸笔记录下想法。我当然可以使用电脑，但和很多人一样，当我用笔在纸上涂写、勾勒想法时，这一系列动作仿佛和我的右脑产生了更为紧密的联系。大脑中的所思所想跃然纸上，灵感也如泉涌。而且和坐在电脑屏幕前相比，以纸笔的形式记录下的思想显得更为强大和有力。当然，后者也更简便。

白板

我会把想法和创意记录在办公室的那面白板上。那儿有一大块空白的地方够我写，没有一点拘束感。写完后，我经常会后退几步一览上面的内容，然后思考着如何将它们组织起来制作成幻灯片。使用白板的好处就是，当你和一组人讨论时，大家的想法和观点都可以被记录下来，直接而且一目了然。记录下要点并构建完演说框架后，我会构思一些图画（形），比如最终会在幻灯片里出现的图片、数据表。这些简单图画（形）可以辅佐我的某一观点，比如这里放一张饼图，那里放一张图片，这张使用直线图等。

你或许会问，为何不直接在PowerPoint 里创建幻灯片呢，那样不是更省时吗？实际上，那么做只会耗费更多的时间。理由是我需要在编辑和预览这两个视图中间不停地切换。相比之下，模拟构思法（使用纸笔或白板）更易于让我纵观全局，也使我思路更清晰。在完成模拟构思以后，接下来转化为数字构思（使用PowerPoint 或Keynote 等软件）就显得格外容易了。我有时甚至不用再去看白板上的内容就能轻松搞定，因为通过模拟构思我对所涉及的内容已经了如指掌，对于每一步如何做已经十分明确。有时我则要看一下标记，提醒自己使用怎样的图片、放在哪个位置等。然后在相关的图片网站或从自己的高品质图片库中选择最合适的图片。

报事贴

大叠的纸和记号笔看似“老套”，实则为非常有用的工具。它们也是描绘自己的想法和记录他人点子的最简单的工具。我在苹果公司工作时，组织大家寻求灵感的主要方式是在墙上贴报事贴。或者由我把大家的想法记下来，或者大家上来写出或勾画出自己的想法，然后陈述其观点或者对他人的观点进行补充。这种场面的确乱，但乱得好。讨论过后，墙上会贴满帖子，而我则会把它们带走，然后贴到自己办公室的墙上，一贴就是数天，长则数月。等到需要准备演说的框架和图时，这些帖子就派上用场了。将各种观点、想法全部贴在墙上的做法不但便于纵观全局，也使我们对于什么重要需要保留、什么次要可以删除等一目了然。

虽然你可以用软件（数字构思）制作图片，并用在演说中。但是，演说要达到与观众对话及交流的目的——不论你是要劝勉，或宣传，或通报——都是需要模拟构思的。因此，在准备阶段，明确演说的内容、目的和目标时进行模拟构思，演说才会自然。

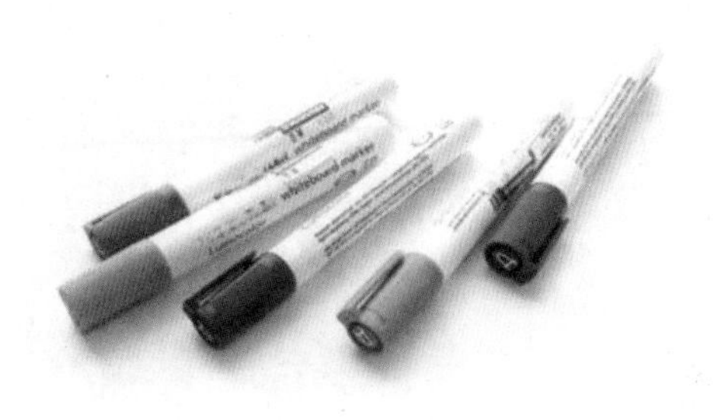

找到正确的问题

据说，佛教中描述的人类所处的境况就如同一个人被箭射中后危在旦夕的情形，十分危急。设想一下，如果这个人不是询问自己如何得以救治，而是询问射中他的那支箭是从哪张弓射出的，那弓是谁造的，造箭和弓的人又是些什么样的人，他们为什么要为这支箭选择这个颜色以及弓上用的是哪种弦等，该有多可笑。因为他问的都是些无关紧要的问题，而忽略了最为紧迫的问题。

我们的生活又何尝不是如此？我们总对摆在眼前的现实视而不见，只是一味追求高薪水、好工作、大房子以及高职位等转瞬即逝的事物，并且终日患得患失。佛教称，人生是苦的（灾难和痛苦、厌恶和不满等）。同样地，在如今的商界和学术界，有相当一部分的演说带来的都是“苦”：效果甚微，时间被白白浪费，演说者和观众都怨声载道。

如今，关于如何做演说、怎样把它做得更好等问题，专业人士展开了许多讨论。对于各行业及演说者来说，演说的现状从某种角度来看是“岌岌可危”的，如何改善这一状况很重要。但是，大多数的讨论集中在软件的使用和技术上，比如用什么软件，是选择Mac还是PC，什么动画和切换效果最好，哪种遥控器最好，等等。这些问题虽然还不至于无关紧要，但花大部分时间来讨论实在是浪费，这样不免会分散我们的注意力，使我们偏离初衷。许多人在演说的准备阶段，将大部分时间用在PPT 图片和标题字样的选择上，却忽略了对内容呈现的整体安排。而对于某一特定的观众群，恰当、有效的内容安排才是最重要的。

哪些问题无关紧要

如果一味地沉溺于软件技术及演示特效的讨论，就好比那个被箭射中的人，在危急情况下只关心无关紧要的问题。

我通常被问到的最多的两个无关紧要的问题是："每张幻灯片上要列几行要点？"和"一次演说应准备多少张幻灯片才最合适？"我的回答是："这取决于很多因素。一张也不要怎么样？"人们这才开始注意到他们提问的问题所在，当然我通常也不会那样作答。关于要点的问题，我会在第6章谈到。至于多少张幻灯片最合适，这个问题真的不恰当，决定使用多少张幻灯片的因素很多，决不能一概而论。有的人只用了5张幻灯片，我都觉得演说做得冗长乏味；而有的人用了不下200张幻灯片，结果却给人留下了内容丰富、令人回味的印象（反之亦然）。由此可见，幻灯片的数量不是问题。如果你的演说是成功的，观众根本不会去留意你到底用了多少张幻灯片，他们也不会在乎这个！

我们需要关注哪些问题

好吧，假设现在你独自一人，手边有纸和笔，心情轻松，思绪平静。脑海中勾画出下个月要做的演说，或者下周的，甚至是明天的（注意，此处是说你要做的，而非不得已而做的演说）。回答下列问题：

- 演说历时多久？
- 演说现场什么样？
- 当天何时开始演说？
- 观众是谁？
- 他们有什么背景？
- 他们希望从我（们）这儿得到什么？
- 为什么要由我做演说？
- 我希望观众做什么？
- 什么样的视觉媒介最适合现场及观众？
- 我演说的最终目的是什么？
- 要讲解什么内容？
- 接下来是最为实质性的问题：

我演说的核心内容是什么？

换言之：如果观众只能记住一点（那样的话你算幸运的了），你希望会是哪一点？

两个基本问题：你想说明什么？其意义何在？

在我参加的演说中，大多数都是某一领域的专家借助PPT 为外行的观众进行讲解。这也是演说的基本情境。比如，一位生物燃料技术方面的专家受邀给当地商务部门人士做场演说，具体介绍这一领域的情况，以及公司在该领域的作为等。最近我参加了一个类似的演说，结果一个多小时的演说结束后，我突然意识到，那场演说简直堪称“奇迹”，因为它让我开始相信，即便是用我的母语进行的演说，在有幻灯片说明的情况下，也可能让我听不出半点名堂。那次我可是一点都没弄明白那个演说者到底想说明什么问题。我的一个多小时就这样被白白地浪费了！

浪费时间绝不是PPT 软件的错，也不在于那些差劲的幻灯片。如果那位演说者能在前期准备时考虑清楚两个问题，那么他的演说一定会有很大改进。这两个问题就是：

- “我要讲什么？”
- “我所讲的为什么重要？”

演说者要确定演说的核心内容并将其清晰地表述出来，这对他们来说已不是一桩易事了。但“演说的意义何在”才是真正让人感到棘手的问题。这是因为，由于演说者太过熟悉演说内容，以至于会认为演说的意义观众会不言自明。而事实上，这恰恰是人们（包括多数观众）所期望了解的——“我们为何要在乎那个呢？”通常自以为十分明显的道理别人却不一定理解，或者即便理解却不知其意义何在。在这种情况下，除了晓之以理，还要动之以情，调动情感因素使观众信服，为之动容。因此，在准备演说素材的过程中，优秀的演说者会站在观众的立场上，设身处地来考虑他们的感受。这也就是我们之前所称的“移情”。

回到那次糟糕的演说上来，那位演说者其实是一位生物燃料技术领域非常著名的专家，获得过不少成就，但他的演说尚未开始，其实就已注定失败了。那些幻灯片，都是之前他在为公司的技术人员做演说时用过的，这说明他根本没考虑当天的演说对象。普通观众和他公司的员工怎么可以等同呢？此外，他也没向观众说明“演说的意义何在”这一重要问题。一场优秀的演说就是演说者通过自己的演示使观众有所得的过程。显然那位专家在准备演说时并没有意识到这一点。

那又能怎样？

我在准备自己的演说或帮他人准备时，经常说的两句话是“那又能怎样？”和“你的看法是……？”在构思演说内容时，一定要站在观众的立场上，问问自己“那又能怎样？”在整个准备过程中，多问自己一些尖锐的问题。比如，“这个和我的观点有关联吗？”“这张幻灯片的确很酷，但对所讲内容会起到什么作用吗？”“加上这张幻灯片，只是因为自己感觉良好？”等。我们自己在做观众时，也都会边听边画问号：他讲的跟主题有关联吗？他是如何论证的呢？如果所加内容对回答以上问题没有帮助，那么就不要把它加到你的演说中去。

你能通过“电梯测试”吗？

如果“那又能怎样”的方法对你没用，那么可以试试“电梯测试”，以检验你对演说的主旨是否清晰明了。这个测试办法迫使你在30 ～ 45秒内说出你演说的实质内容。试想以下场景：你在一家世界领先的科技公司工作，一次，你已做好给公司市场营销部的负责人阐述一个新想法的准备，虽然时间安排和预算都很紧张，但能否获得决策层的认可事关重大。当你来到副总裁办公室外，在会议案前一切准备就绪时，她突然拎着大衣和公事包走了出来，说：“抱歉，我临时有事要走，我们边走边说吧……”此情此景，你能够在乘电梯到达停车场这段时间里，清楚地说出自己的想法并获得她的赞许吗？当然，发生上述情况的概率很小，但也不能排除这种可能性。现实中更可能的是你被临时要求缩短演说的时间，比如从20 分钟缩减到短短的5 分钟（或从1 小时减少到半小时）。对此，你能够从容应对吗？的确，你也许不会碰到这些突发情况，但是通过模拟类似的情况，就能够使演说内容变得更加紧凑，条理更加清晰。

图片来自 Person Asset Iibrary

图片来自 Person Asset Iibrary

讲义的作用

如果你在演说的准备阶段为观众制作了一份讲义，在现场演说时就不会有迫于面面俱到的压力了。准备一份适当的讲义——附上你认为必要的细节——能够在当次演说中针对特定的观众着力讲解最重要的内容。同时，你也不必担心演说时跳过某些数据、表格或相关信息会带来什么大碍。注意，你在演说时不可能做到面面俱到！许多演说者心里老想着“万一我没说……”于是就在幻灯片里加入了方方面面的信息，或者以此显示他们都是“认真负责”的人。含有文本和详细图表的幻灯片十分常见，但你若把那些作为讲义，就大错特错了（请见后面的“幻灯片文档”）。正确的做法是：幻灯片从简，讲义求全。此外，绝对不要把幻灯片打印出来当作讲义发给观众。为什么呢？身为演说大师和纽约最成功的科技大亨之一的大卫·罗斯（David Rose）对此是这样解释的：

> “不论演说前后，绝不要把幻灯片打印出来发给观众，那样就意味着演说的失败。从根本上讲，幻灯片需要由演说者来讲述，是用来辅助演说者的……因此，如果只是将其发给观众，那么只会造成干扰，毫无意义可言。换句话说，如果只用幻灯片就够了，那还要演说者干什么？”
>
> ——大卫·罗斯（David Rose）

演说材料的构成

演说材料通常由幻灯片、注释和讲义三部分组成。如果你明白各部分的作用，就不会再把所有信息（文字、数据等）都添加在幻灯片里了。你可以选择把部分信息放在注释部分（作为解释或演说备份之用）。演说大师克里夫·阿特金森（Cliff Atkinson）早就提出过这种主张，但大多数人仍然习惯把幻灯片填得满满的，上面附有大量的文本以及难以辨认的数据等，然后将幻灯片打印出来作为讲义发给观众。我在公开访谈中谈到“演说的设计”时，曾用如下4张幻灯片表述我的观点。

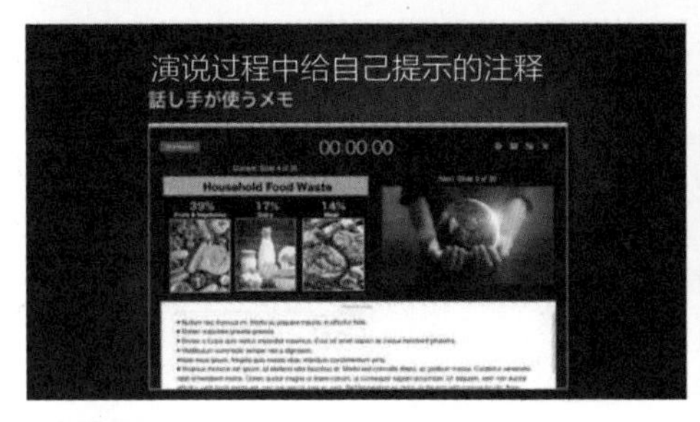

幻灯片文档

幻灯片和讲义是两回事。我在此将由幻灯片简易拼凑而成的讲义称作“幻灯片文档”。

为了节省时间，许多人会将此作为一箭双雕之事。初衷是好的，但结果却不令人满意。这种为了节约时间而把幻灯片文档作为讲义并最终导致失败的做法，使我想起一句谚语：一心二用，徒劳无功。

幻灯片应尽可能做到视觉效果好，从而使论证更为有力、有效。而阐述内容、依据和调动气氛等则是通过口述来达到的。至于会后下发的讲义，则又是另一回事。观众拿到讲义，身旁没有你的讲解，所以讲义至少要具有与现场演说同样的深度和广度。通常来说，讲义应提供更深、更广的信息，因为此时观众是在自己读，而不是听你说。有时候，演说中使用的材料摘自演说者所著的书籍或期刊，要是那样的话，讲义则可以很简洁，因为观众完全可以从相应的书籍或期刊中获取更多有关信息。

幻灯片文档怪圈

如今，粗制滥造、毫无新意的幻灯片随处可见，原因之一是许多会议组织者要求演说者严格按照统一的模板制作幻灯片，并在会议开始前很早就提交PPT 文件。组织者随后打印出这些所谓“标准化的”PPT放进会议手册夹或刻录成DVD 供会议出席者带回。组织者这样做的意图是，这些含有大小标题和文本内容的幻灯片既可以辅助演说，还能用作重要的讲义供观众会后阅读和参考。这样一来，演说者便处于两难的境地，不得不问自己：“我设计的幻灯片主要是为现场演说服务还是要供观众会后阅读呢？”于是许多演说者便选择了一个折中的办法，即两者兼顾。这样制作出的幻灯片既对演说没有任何帮助，印出来后也不便阅读（观众也就不会去看）。这类幻灯片文稿之所以不易阅读，是因为上面满是各式各样的图文框，显然称不上什么文档了。

幻灯片文档不高效，也不美观。试图把幻灯片既作为现场演示文稿又用作会后讲义也只会导致一败涂地。可惜如今这一做法却很典型，也十分普遍。PowerPoint（或Keynote）软件是用来展示视觉信息的一种工具，用于帮助阐述道理、证明观点，从而使观众有所收获，但它们并不是创建文本的好工具——那是文字处理软件的事。

会议组织者为什么不要求演说者另附一份涵盖了演说要点，且内容翔实、深度适中的书面文件呢？使用Word 文档或PDF 文件则会更合适，上面还可以标明文献资料，并提供一些链接供感兴趣的观众自己研读。会议结束，会有谁去阅读那些打印出来的幻灯片文档呢？大家最多不过瞅几眼那些模糊不清的标题、要点、图表和剪贴画等，然后凭借自己的推断去获得一些理解。没过多久，也就放弃了。但如果同时有一份书面材料摆在面前（假设撰写得当），那观众就没有理由满足于对演说主题只有浅显和模糊的理解了。

要使演说做到与众不同、有力有效，那么有两样东西必不可少：其一，内容详细、文笔流畅的讲义；其二，简明扼要、图文并茂的幻灯片。如此一来，工作量虽然大大地增加了，但却能实在地提高演说的质量。这也许不是最好的对策，但该办法简单、直接、一目了然。其实这也是最容易的一个办法。

避免使用幻灯片文档

下面左边的那张幻灯片以两种形式列举了30 个国家的人口肥胖率。表格和柱状图均是从Excel 直接粘贴过来的。把Word 或Excel 中的内容复制到PowerPoint 这种做法十分常见，但没必要把所有的信息都复制过来。演说时如果需用到大量的数据，则可以在讲解时把相关资料以讲义的形式发给观众（由于分辨率较低以及屏幕面积有限，图表上小字号的数据是无法清晰演示的）。可行的做法是摘取部分最有用的信息放入幻灯片中。例如此处的幻灯片，演说者的意图是要说明美国的肥胖率远远高于日本，那就没必要列出如此多的其他国家的相关情况。至于这些相关的信息，完全可以印在讲义上，留待观众回头自己看就可以了。

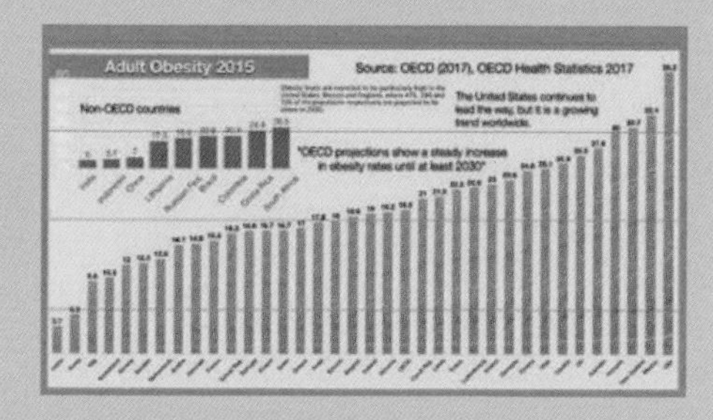

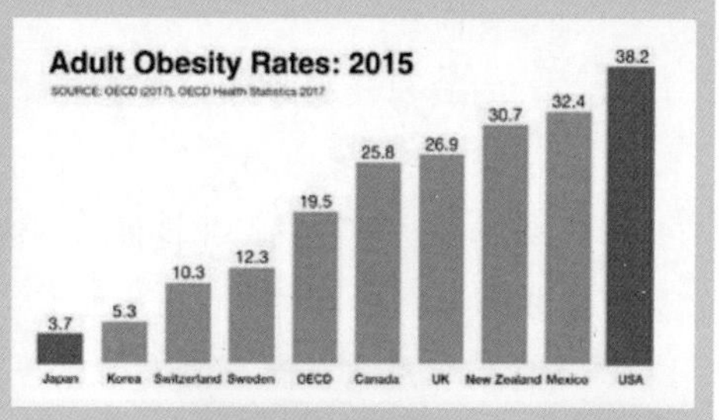

在幻灯片中使用这种详细的图表数据使页面显得十分拥挤，而且数据和文字都难以辨识。改用简单些的柱状图，把那些细节信息放到会后下发的讲义中，就有足够的版面来呈现数据了。

凡事预则立

若你准备充分，就能在演说过程中清晰地阐明你的意图；如能通过“电梯测试”，则在任何情况下都能较好地表达核心思想。我有一个名叫吉姆的新加坡朋友，他最近通过E-mail 向我讲述了他的一段有趣经历。在此与大家分享，旨在说明在演说的准备阶段中厘清思路、明确中心的重要性。他在E-mail 里这样写道：

> 亲爱的加尔……我有了一个创意，数月以来一直想汇报给他。最后他终于同意下周和我见面。我知道那人属于超级神速型，于是在准备报告时力争做到一切从简，从内容、核心观点到图表，我都精益求精。进入办公室，我们寒暄几句，然后便直奔主题，不一会我突然发现，谈话间我已经把所准备的都讲完了，而且他居然表示可以进一步再谈！随后他看了下手表，说高兴见到我并对我的来访表示感谢。我送他出大楼时碰到了我的两个下属，他们悄悄和我说：“嘿，你都没做演示就把目的达到了——真是神了！”
>
> 与此同时，我自己也深感困惑：“我辛苦准备的演说，他甚至都没看一眼！制作它们可花了我不少时间！”随后我便恍然大悟了。演说的准备其实就是厘清思路和确定重点的过程，从而使观众听得明白。正是因为做了充分的准备，我才能顺利地阐述我的观点和思想。单单是那些图表，就可以使我记起所讲内容，尽管观众没有看到，但它们已经是演说不可分割的一部分了。

吉姆的这个例子很好地说明了准备充分可以使你对演说的内容了如指掌。有了充分的计划准备，就算是投影仪突然发生故障，或客户临时要求不用PPT，直接陈述，我们也能够从容不迫地继续讲述下去。

准备阶段需要确保思路清晰，畅通无阻。我热爱技术，而且认为在许多情况下幻灯片制作软件的确十分有用。但在准备阶段，还是用“模拟构思”的办法更好——几张纸、一支笔、一块白板，又或是带着狗去海滩散步时随身携带的小笔记本……只要是对你有用的都可以。彼得·德鲁克（Peter Drucker）更是语出惊人：“电脑是个白痴。”你和你的想法（以及你的观众）才是重要的。因此，在准备之初，应避免受到电脑的干扰，这个阶段是最需创意的时候。至少对我来说，离开电脑才能让我保持思路清晰，明确演说的主旨。

在准备阶段远离电脑、放慢思绪、使用纸笔或白板等做法是为了更好地抓住并掌握核心内容。核心思想就是重中之重。我还是那句话，如果你的观众只能记住你演说的一点，你希望那是什么？为什么呢？在明确中心思想以后，你可以将一些想法先写下来，再组织和设计幻灯片或其他多媒体材料，从而进一步说明和充实演说的内容。

本章要点

- 放松忙碌的思绪，以便认清问题、看清目标。
- 找个独处的时间，纵观全局，把握整体。
- 关闭电脑，运用“模拟构思”，集中思路。
- 先以纸笔或白板的方式记录创意和想法
- 两个基本问题：“你想说明什么？”“其意义何在？”
- 若观众只能记住你演说里的一点，你希望那是什么？
- 准备一份详细的分发讲义，让你从面面俱到中解脱出来。

4

用故事叙事

在没有电脑干扰的情况下，你独自一人或大家聚在一起一同寻求灵感。你不时地停下来纵览全局，明确核心思想。虽然有些细节问题还有待充实，但你对演说内容的了解已更加清晰和明确。下一步要做的，就是为核心思想、事实以及理论依据组织一个逻辑架构。这个逻辑架构会将演说内容安排得有序得当，令你在演说时更加流畅，同时也更易于观众理解。

在将纸上的各种想法或观点以PowerPoint 或Keynote 呈现出来之前，你需要考虑如何让观众对演说产生共鸣。是什么使你的演说充满智慧，令人难忘？如果你希望做一场令人印象深刻的演说，那么必须时刻考虑如何巧妙安排所讲内容，使其令人难忘。

要使演说内容给人留下深刻的印象，故事是一个必不可少的元素。我们总是在讲述故事。回想一下，你也许有过和一群人一同野营的经历，你们试图回到原始社会的生活，在夜晚降临后围着篝火讲述各自的故事。讲述故事也好，聆听故事也罢，都是一件发自内心、引人注目和令人印象深刻的事情。

如何让想法吸引人

大多数著名的有关演说技能的书籍并不讨论演说本身，也不讨论如何使用幻灯片软件。齐普·希思（Chip Heath）和丹·希思（Dan Heath）兄弟俩的《行为设计学：让创意更有黏性》（*Made to Stick*）一书就是其中之一。希思兄弟感兴趣的是，为何有些做法能吸引人，令人印象深刻，而有些则行不通。对于此问题，二人总结出了演说六原则：简单（simplicity）、意外（unexpectedness）、具体（concreteness）、可信（credibility）、情感（emotions）和故事（story）。没错，这些英文单词的首字母刚好能拼成Success（成功）。

在演说中（包括幻灯片演说）遵循上述六原则是很容易的，但大多数人却做不到，这是为什么呢？作者把其中最大的原因归结为"知识祸根"。所谓的"知识祸根"是指演说者在讲述的过程中没有考虑一个外行人听自己的演说会有怎样的感受。他用抽象的语言对所讲题目高谈阔论。至于讲了些什么，他自己认为是显而易见的，但却不知道不具有相关知识背景的观众理解起来会有多困难。牢记六大原则——Success——就可以避免"知识祸根"，使自己所讲的内容容易让人记住。

这里有个例子，可以说明留存持久、有力的言语和枯燥无力的言语之间的区别。以下两句话意思相同，其中一句你肯定很熟悉。

"我们的任务是通过团队革新和航天战略计划部署成为世界太空业的先驱者。"

"……在这十年内把人类送上月球，再安全地返回地球。"

第一句话听起来像是当今某个CEO 说的，理解起来都很困难，更别说使人印象深刻了。第二句话其实是约翰·肯尼迪在1961 年做某个演讲时说的，体现了上述六原则的应用。这句话激励了一个国家为航天事业的发展而努力，从而改变了整个世界。肯尼迪，或者说至少是他的讲稿撰写人，非常清楚，抽象的话语是无法令人印象深刻从而受到鼓舞的。

但是现今又有多少CEO 开口不是“使股东的利益最大化”之类的话呢？下面是对《行为设计学：让创意更有黏性》一书中提到的六原则的小结。在我们阐述想法或构思包括演说、演讲等交流形式时，需要记住这六大原则。

- **简单** 如果每件事都是重要的，那就没什么是重要的了；如果每件事都必须优先考虑，那就没什么优先权可言了。你要果断地简化你的信息（不是过度简化），努力做到去其浮华留其精髓。我不是指那些电视台或电台播出的老套的新闻语言。如果你尽力了，那么任何信息都可以用最精炼的语言表达。你的演说想说明什么？实质是什么？其意义又何在？这些便是准备演说时所应考虑的。
- **意外** 你可以通过使观众感到意外而引起他们的兴趣。让观众惊讶一下，那会令他们兴致盎然。但要维持这种兴趣，你需不断激发他们的好奇心。最好的办法就是向他们提问或使其生惑，再解惑。使观众意识到他们知识上的一个漏洞，然后通过向他们提供解答或加以引导，从而填补这个知识漏洞，这就是解惑。这就好比你带领观众开始了一个探索之旅。
- **具体** 不要使用抽象的概念，要多举一些实例使演说的内容具体化。希思兄弟指出，谚语就是一个不错的选择，它能把抽象的概念具体化、简单化，同时有说服力、令人难忘。比如，“一石二鸟”这个谚语是不是要比“通过提高各部门的工作效率使生产力达到最大化”更加简洁却更有说服力呢？肯尼迪的那句“把人类送上月球，再安全地返回地球”也是如此。具体实在的事物容易使人联想和锁定其含义。

- **可信** 如果你在某研究领域有所作为且很出名，你就拥有内在的可信度（但现在看来越来越不是这么回事）。但是多数人并没有那种可信度，为了证明某一说法，就必须用事实说话。比如，为了证明我们公司在市场上是同行业的领头羊，就要列举出客观的数据来证明。希思兄弟说，单纯的统计数据并没有多大意义，关键还要看其背景和内在含义。说话时要多用一些人们容易联想到的事物。如，“5小时的续航时间”和“拥有足够的电量，使你从旧金山飞往纽约的途中用iPad无间断地观看你最喜欢的电视节目”，这两种说法哪个更具可信度呢？建立可信度的方法有许多，比如援引某客户或媒体的话语等。相反，长篇叙述公司的历史只会使观众生厌。
- **情感** 人是情感动物。仅仅给观众放一遍幻灯片是远远不够的，你还必须唤起他们的内心感受。使观众真切感受所讲内容的方法非常多，图片的使用就是其中之一。图片不仅能够帮助观众更好地理解所讲要点，还能触动他们的内心，激发其对所讲内容的情感体验。比如，当介绍美国卡特里娜飓风和洪水泛滥所造成的严重后果时，你可以陈列要点、数据，但是，记录灾后事发地的混乱情况以及人们痛苦表情的照片所取得的效果是文字、数据所无法企及的。一提到“卡特里娜飓风”的字眼，人们脑海里就会浮现一系列灾难性的画面，栩栩如生。人与人之间存在着情感维系，而不只是抽象的字符。如果可能，请尽量使表达更加人性化。比如，在2011年3月日本发生大地震之后，巨大的海啸侵袭了日本东北地区。我的岳父在海啸过去的几周后拍摄了右边这张照片。当你看到原来的城镇已经被夷为平地时，你会被深深地震撼。这张照片往往胜过千言万语，因为我们在情感上被深深地打动了。

- **故事** 我们无时无刻不在讲述故事，这是人类交流的方式。除了使用语言讲述故事，我们还可以通过艺术或音乐的形式与人沟通。在一教一学中，故事伴我们成长。在日本，新员工刚入职，往往都会由老员工带领，帮助他们了解公司的历史、文化以及工作职责等。老员工们使用的就是讲述故事的方法。以戴头盔为例，师傅们会说某某某在工地没戴头盔而发生了惨剧，这样徒弟们一下子就记住了，每次去工地时都会记得戴上头盔。相比死板的条文条规，故事则更能引起人们的注意，并容易牢记。好莱坞、宝莱坞大片也好，独立电影也罢，为什么人们这么喜欢看电影呢？就是因为其中有吸引人的故事情节。那为什么轮到聪明能干的故事迷们做演说时，他们不使用故事、实例或插图去论述问题，而偏偏选择晦涩难懂的话语呢？伟大的创意和精彩的演说都是有故事元素的。

我曾经在公开演讲中使用上述幻灯片，更多观点请参阅希西兄弟的《行为设计学：让创意更有黏性》（*Made to Stick*）一书。

我相信，这个国家能够通过努力而实现：在这十年内把人类送上月球，再安全地返回地球。

——约翰 · 肯尼迪（John F.Kennedy）

1961年5月25日

一切围绕故事展开

在书面语出现之前，人类通过讲述故事的方法使文化代代相传。是故事成就了今天的我们，而我们也是故事的一部分。故事中可以使用类比或比喻的修辞手法，把人们带进讲述者的世界，理解他的思想，清晰而具体。优秀的演说必然包含故事。杰出的演说者常常通过亲身经历去表达观点和看法。在向别人解释一个较复杂的想法时，最简单的办法就是运用具体事例或故事进行论述。故事往往能够使观众留下更深的印象。如果你希望他们记住你的内容，不妨多用一些有趣、精炼的好故事或事例来强化你的核心思想，从而在他们的脑海里留下更深的印记。

一个好故事的开头往往清晰有趣；中间部分内容翔实，感人肺腑；结尾部分则简明扼要。我谈的可不是如何创作小说，但不管怎样，我所说的都是事实。还记得我之前谈到的纪实电影吗？那不就是在讲述一个个真实的故事吗？它们不是简单地陈述事实，而是以故事的形式使观众仿佛置身于硝烟弥漫的战场、科学探索、海洋拯救大行动和气候变化等环境之中。如果大脑告诉我们一件事不重要，那我们很快就会忘记它。潜意识告诉我们，要想通过考试就必须看教科书，可是，大脑却告诉我们那些课本太枯燥、太乏味，对于生存根本就微不足道和无关紧要。因此，大脑所关心的还是故事情节。

故事的力量

讲故事是吸引观众、满足他们对于逻辑、结构以及情感方面需求的一个重要方式。人们倾向以陈述的形式记忆他们的各种经历，而陈述式的结构最利于提高学习效率。人类利用听觉和视觉分享信息要远远早于通过阅读文字来获取信息。在2003 年的一期《哈佛商业评论》中，一篇关于故事的力量的文章阐述了讲故事的能力对于人们在商业中发挥领导力以及相互沟通具有十分重要的作用。“忘记那些PowerPoint 和数据吧，只有通过讲述故事才能深深打动观众。”

在接受《哈佛商业评论》杂志记者的采访时，传奇电影剧本作家罗伯特·麦基（Robert Mckee）谈到，领导者的很大一部分工作就是鼓舞员工以达到某些目标。“为了激发他们的积极性，必须打动他们。”麦基说，“打动他们就要使用故事。”在当今商业世界，说服他人通常要用到花言巧语，其中往往涉及一场典型的幻灯片演说，领导者在演说中利用一些资料和数据来说明问题。但是仅仅依靠数据还无法打动观众，他们也未必总相信这些数据。“数据是被用来编造谎言的……正如财务报告并不经常真实可信。”麦基称花言巧语是不可取的，因为当我们在陈述观点时，其他人正基于自己的数据和信息提出与我们不同的意见。即使你通过论证成功说服了他们，但还不够。因为“激发他人，不仅需要晓之以理”，关键还要“动之以情”，而最好的方式就是讲故事。“在讲故事的过程中，你不仅传递了大量的信息，也调动了观众的情感和能量。”

利用冲突

一个好的故事并不是从头到尾所有情节都在观众的预料之内，那样的话会很平淡。相反，我们最好把故事情节描绘得“跌宕起伏”而出人意料。麦基说，生活的乐趣常在于“黑暗的一面”，努力克服那些负面力量能使我们活得更加坚定。克服这些负面力量充满着乐趣，能给人留下深刻的印象。这样的故事才更加具有说服力。

一个故事，最重要的就是突出矛盾。矛盾或冲突具有戏剧性的效果。从本质上来讲，正是残酷现实和美好愿望之间的冲突才构成了故事。故事就是要体现失衡、负面力量或者棘手的麻烦。优秀的故事讲述者突出如何应对这些负面力量，包括利用匮乏的资源解决工作困难，做出一个两难的抉择，或是开始一段科学探索的征程，等等。人们总是喜欢呈现那些美好（也是平淡）的东西。“但作为一名故事讲述者，你需要明确突出存在的问题，并展示如何应对它们。”麦基说。如果你讲述的是如何与对手抗衡的故事，那么观众会对你以及演说的内容非常感兴趣。

鲜明的对比

不论我们谈的是图形设计还是故事情节，对比的原则都是其中必不可少的要素之一。对比即要突出对立的方面，而人们十分善于发现这种对立。讲述故事或拍摄电影都要运用对比的手法。例如，在电影《星球大战4》中，正义的反叛同盟与死亡之星及邪恶帝国就形成了鲜明的对比。但是，对比也存在于同一方不同的人物之中，年幼无知而理想化的卢克·天行者和成熟睿智且现实的欧比旺·克诺比就是一个例子。这些人物之所以令星战迷们为之疯狂，就是因为他们自身的反差以及历经一系列的自我妥协过程。就连机器人R2D2 和C3PO 也是受人喜爱的角色，很大程度上就是因为它们迥异的个性。

你也应在自己的演说中寻找对比，例如之前和之后、过去和未来、曾经和现在、问题和解决方案、争论和和谐、增长和下降、悲观和乐观等。突显这些对比能够自然而然地把观众带进你的故事之中，使他们留下更为深刻的印象。

在演说中讲故事的原则

给我们用来准备演说的时间往往并不充裕，或者说很难在短时间内确定演说的内容。我在这里提供3个简单的步骤，便于较快地准备演说内容。

演说内容的基本要素：

1．明确问题所在（可以是你的产品能解决的一个问题）。

2．明确造成该问题的原因（围绕这个问题举例说明其所带来的冲突）。

3．如何以及为何需要解决这个问题（提供解决这一冲突的方案）。

从根本上说，就是要引出（确实）存在的问题，并提出如何（切实）解决这一问题的办法。举例说明这些对于观众来说都是有意义和相关的。请记住演说内容的顺序性：即一件事情先发生，然后造成另一件事的发生，以此类推。要让观众经历一个从冲突出现到冲突被解决的全过程。如果能做到这样，你就已经远远超过大多数的演说者了，因为他们的做法只是简单地回顾谈话的要点，并把信息播报出去而已。观众不容易记住要点，但却可以记住故事内容。这也是我们理解和记忆某一经历的方法。罗伯特·麦基想要表达的是，如果你想把自己的经历作为故事放到演说中，那就要大胆去做，尽情向观众讲述与演说话题有关的自己的某次经历吧，不要自设羁绊。

故事和情感

我们的大脑比较容易回忆起有着强烈情感的经历或故事，正是带着这些情感的印记我们才能够对与之关联的经历和故事印象深刻。在一次人力管理课上，4名学生做了一场关于日本就业安全的演说。3天后，当我问班上其他学生印象最深的是哪一点时，得到的答案并不是劳动法、劳动原理或日本劳动力市场的变化，而是日本职员过劳死和自杀的问题。虽然演说者在一个多小时的演说中只用了很短的时间谈到这些问题，也许谈到过劳死的时间只有短短5 分钟，但这部分却给观众留下了最深的印象。其中的道理很好解释。工作过劳死以及高自杀率的问题非常敏感，而且能够激起观众的情感，一般人们很少公开谈论。而那4名学生在演说时引用了真实的案例，向观众讲述了因工作劳累而导致死亡的真实故事。就是凭借这些内容，他们和观众建立了关系，同时触发了观众的情感，诸如惊讶、同情心和关切心。

“纸芝居”：日本以图叙事的启示

日语“纸芝居”是互动式讲故事的一种方式，它结合了手绘图画和讲述者的现场表演。“纸”的意思为图画；“芝居”则指表演。“纸芝居”是一边展示图画一边讲述故事的表演，起源于几百年前日本的“绘解”和“绘卷”传统。但是，今天人们所看到的“纸芝居”大约从1929 年发展而来，并于20 世纪30—40 年代流行开来。随着20世纪50 年代电视的引进而逐步衰败。“纸芝居”是由1位表演者、1个小木箱（微型舞台）以及12 ～ 20张与故事配套的图画卡片构成的。表演者通常站在微型舞台的右边，微型舞台则连在表演者的自行车上，表演者一边向围观的孩子们售卖糖果，一边用不同的连续的图画讲故事（以此来挣点小钱）。他们需要根据故事情节以不同的速度更换手中的图卡。最好的“纸芝居”表演者并不是看图说话，而是把目光集中在他的观众身上，只是偶尔看一下微型舞台上的卡片。

“纸芝居”不同于连环画，就像现代的幻灯片演示不同于传统文档一样。就连环画而言，图画上的细节和文字往往更加丰富，但通常是由读者一个人完成阅读的。而“纸芝居”则需要由一位表演者向围观的人群展示图画内容以及讲述其中的故事。

尽管“纸芝居”是一种80 多年前流行的以图叙事的表演方式，但它如今仍然具有启迪意义。《纸芝居教室》一书的作者泰拉·麦高恩（Tara McGowan）把纸芝居比作电影画面，她说，“每一张图画在人们眼前停留的时间很短，因此故事的外在细节会有所削减，有可能造成误解。”所以每一张图画的设计就非常重要。”（表演者）要让观众把注意力集中在和每张图画有关的关键人物和布景上。如果一目了然和表现平实是我们的表演目标，那么这种方式是最好的选择。”我们很容易就能想象该如何把“纸芝居”的表演精髓运用于当今的多媒体演示。以下是我从“纸芝居”中归纳得出的5条启示：

1. 画面要大且清晰可辨。
2. 图画元素应填满画面。
3. 图画要起到画龙点睛的作用，而不是仅作装饰。
4. 仔细地精简细节。
5. 使你的演说——画面与叙述具有参与性。

紙芝居
ヤッさん一座の

故事与真实性

我见过比较不错（但称不上完美）的演说，虽然所用的语言和幻灯片设计平凡朴实，但效果却出奇的好。原因是演说者简明扼要地叙述了不少故事，以此去论证其观点，同时，在讲故事时自然放松，不拘泥于形式。因此，仅有各种观点是不够的，你还要用最真实的语言将其表述出来，使观众能直观地感受。

有一次，我观看了一场由日本著名外企CEO 所做的精彩演说。他的幻灯片其实设计得很一般，而且还犯了一个错误，居然请了两位助手去配合他播放幻灯片。那两位助手好像不太熟悉幻灯片播放软件，总是放错幻灯片。每当这个时候，那位CEO 就会耸耸肩，说："呃，没关系，我想说的是……"他就这样将演说继续下去。他将公司过去的失误以及目前的成就娓娓道来，其中蕴含的商业哲理远比商科学生在整个学期里学到的还要多，令人印象深刻、难以忘怀。

如果幻灯片设计得更好些，又没有出现播放错误，那场演说一定会更棒。但就在这种情况下，那位CEO 居然能把演说做得如此成功，相信我，这在如今多数CEO 的演说中实属罕见。那位CEO 当晚演说的成功可以归为以下4点：

1. 他对演说内容了如指掌，将要说的熟记于心。
2. 他站在了观众的正前方，以真切感人又充满激情的说话方式进行演说。
3. 他不受制于技术上的干扰。当幻灯片出现问题时，他能够保持冷静，继续自己的演说，牢牢地抓住观众。
4. 他用真实故事情节或幽默的轶事来说明自己的观点。所有的故事情节既能打动观众，又能说明问题，对核心思想起到了支撑作用。

那位CEO之所以能够做出令人难忘、具有说服力的演说，关键在于他的演说很真实。他的讲述发自内心、充满感情，而不是像背书那样照本宣科。我们不会凭着记忆去讲述某个故事，如果这个故事对我们意义重大，那么我们根本不需要去刻意记住它。如果故事是真实的，它们就会自然地存在于我们的记忆当中。凭借学识，通过研究或亲身经历之后，我们可以发自内心地讲述某个故事。把故事化为你内心的一部分，而不是简单地记住它们。你对某个故事相信与否是装不出来的。如果你不相信，那再怎么夸夸其谈，表现得再怎么激昂澎湃，都是毫无意义的。那些连你自己都不相信的事情又如何去说服别人相信呢？你说的只不过是一堆空话罢了。

不只是信息

某一领域的专家历来都是炙手可热的人才，渊博的学识为他们赢得了不菲的财富。这在过去的确如此，因为那时想要取得事实等信息还是件十分困难的事。但那样的时代已一去不复返了。当今时代，你只要轻点鼠标，大量信息就会扑面而来。拥有信息在如今已非什么稀罕事了。当今世界，更重要的是对信息进行整合，并赋予其含义和见解。毕加索曾说："电脑很没用，因为它只会给出答案。"通过搜索引擎，我们的确可以获得日常所需的各种信息。但我们希望从眼前站着的演说者身上获得的，不是单纯的数据或信息，而是隐含于这些信息和数据背后的深刻含义。

请记住，我们如今生活的时代对于人才的需求很大。任何人，甚至是机器，都能向观众说出一长串信息或一条条事实。但这不是我们所希望看到的，我们真正需要的是那些充满智慧和情感丰沛的人去教导我们，激励我们，并使我们对所学的内容终生不忘。

故事往往就此展开。信息、情感，再加上视觉效果，三者相结合，便构成了一个个扣人心弦的故事。如果演说只是按照特定模式发布信息或者事实，那恐怕如今也就不会有人抱怨"深受PPT之苦"了，因为毕竟大多数演说都是遵循着这种模式而进行的。如果演说的准备就是遵循某些模式或规定那样简单，那我们又何苦自己去做它们呢？何不把事实、框架和要点等统统交给其他人来做？这样岂不更省时省力？

然而，所谓演说，并非演说者按照某一固定模式，将幻灯片上的内容诵读给观众。若果真如此，何不取消会议？一封电子邮件不就都能搞定了吗？人们希望的是面对面的真切交流，希望由你将信息娓娓道来。

沟通的语气

讲话的语气很重要。如果一个演说者以一种充满人情味的语调，同观众进行谈话式的交流，那么他一定会受到欢迎。人们为何会偏好那种语气呢？可能是由于大脑——不是思维意识——无法分清聆听（或阅读）他人的言语和真正与人交谈之间的区别吧。当你和某人交谈时，你通常会更投入，因为你需要参与其中。换句话说，你进入了角色。相比之下，那些毫无感情的正式演说或书面语言很难让人始终保持注意力集中，最多听数分钟而已。因为你需要下意识地不断提醒自己，“振作一点，这个很重要！”但如果一个演说者是以自然、交谈的语气来做演说，你就会感到十分轻松和惬意，也会更好地投入到话题当中。

在演说中使用面对面交流的语气更能激发观众积极参与其中。

达纳·阿奇利（1941—2000）开创数字化讲故事

达纳·阿奇利（Dana Atchley）是数字化讲故事领域的一位传奇人物和先驱者。他的客户包括可口可乐、EDS、Adobe、Silicon Graphics 等著名公司。他还曾与苹果公司进行合作，是AppleMasters 项目的创始人。20世纪90年代，阿奇利致力于为各大公司总经理构思和设计充满感情且有说服力的演说。在此期间，他利用最新技术开创了数字化讲故事，通过使用视觉上的辅助手段拉近了演说者和观众之间的距离，更能打动观众，令他们印象深刻、难以忘怀。如果阿奇利没有英年早逝，如今的演说可能就不会像现在这样“折磨”人。

对于数字化讲故事，阿奇利如是说，数字化讲故事是“新旧两大世界”结合的产物：以数码录像、照片和艺术为代表的“新世界”和以讲故事为特点的“旧世界”。这意味着“旧世界”中使用的要点式幻灯片会被“新世界”中“煽情”的图像和声音等辅助手段所取代。

丹尼尔·平克1999年发表在*Fast Company*上的一篇名为《你的故事是什么》（*What's your story*）的文章中提到了达纳·阿奇利，以下是文章的节选部分：

> “商业交流为何总是那么单调乏味？几十年来，大多数商业人士无不呆板地站在演讲台前，用几张枯燥的幻灯片描绘其所谓的梦想、战略——他们自己的故事，我把这称为“公司怪圈”现象。数字化讲故事不仅仅是一门技能，事实上，它也在艺术家和商务人士中间掀起了一股潮流，起到了推波助澜的作用。”

这段评论展现了未来的商业演说的美好前景。我读后心情非常激动，想象着将来“数字化讲故事”大放光芒的时刻。然而，自1999年以来，幻灯片演说真正发生了多少革命性变化呢？如今，许多人确实如达纳·阿奇利所预见的那样在演说中使用了数字化技术，但要消除“公司怪圈”这一现象，还有很长的一段路要走。

故事情节构思步骤

幻灯片制作软件，尤其像存在已久并影响了一代人的PowerPoint，其问题是它们都只是通过大标题、小标题和项目符号等模式引导用户制作幻灯片。这和高中写作课上老师讲的主题句有些相似，看似有逻辑性，但如果那样设计，观众很快便会忘记其中的内容。而这时，故事板的使用就会十分有帮助。如果在准备过程中花点时间，按照逻辑顺序把一系列想法写在故事板上，就可以清晰地看到有关演说内容的来龙去脉以及整体去向，真正做到感知演说。

在没有电脑的干扰下明确了演说的中心思想之后，下一步就是把各种想法一条一条地写在故事板上，然后慢慢地搭建起演说的框架。故事板最早被用于电影制作，而如今却更多地被商界人士所采用。负责市场营销的人士尤其会频繁地使用故事板。

PowerPoint 和Keynote 中最简便却也是最有用的一项功能就是幻灯片的缩略图预览功能。这样就可以把故事板上的想法和草图等轻松地植入PowerPoint或Keynote 中。或者也可以在纸上画出故事板或在白板上粘报事贴继续进行“模拟构思”，随后再将其“数字化”。

虽然情况不尽相同，但是提高演说效果的方法还是不少。我个人采用的从“模拟构思”转化到“数字构思”的方法就并不少见，现实当中有许多人都采用这种方法。然而，如今大多数企业家、职场人士或学生通常会先打开PowerPoint，选取数张空白幻灯片后再逐步充实内容，比如添加要点等。对此我感到很惊讶，因为这称不上很有效的方法。虽然这种做法很普遍，但我并不推荐这么做。

在设计幻灯片的过程中，我通常采取五步走的方法。偶尔会跳过第三步和第四步，但如果是集体策划，则第三步必不可少。对于做集体性演说的学生来说，第三步尤为关键。具体步骤如下。

第一步：头脑风暴

在没有电脑的干预下进行模拟构思，充分运用右脑思维开展头脑风暴。我不会过多地停下来分析某个想法，只是尽可能地让大脑运转起来，点子越多越好。我会把所有想法写在卡片或报事贴上，然后贴在桌子或白板上。你可以独自一人或多人进行头脑风暴，如果是后者，则不要试图评判他人的想法，而是把它们写下来，与大家的想法放在一起即可。在这里，即便疯狂的想法也是可以接受的，因为这些“非常规”想法或许在后面能够为演说提供有用而有力的支撑。正如莱纳斯·鲍林（Linus Pauling）所说的：“拥有一个好点子的最佳办法就是获取大量的点子。”

离开电脑进行头脑风暴，这是一个非线性过程，想法越多越好，把它们都写在报事贴上，并贴在玻璃墙上。

第二步：分类分层、明确中心

到了第二步，我会试着找出令观众印象深刻的中心思想。我会问自己，他们最想从我的演说中获得什么呢？于是我会把所有想法分门别类，试图找出其统一的主题或中心思想。演说可能由三部分构成，因此必须先找出贯穿整个演说的主线，即中心思想。没人规定演说非要分成三部分，但三部分的分法有助于内容细分得恰到好处，从而便于观众理解，印象深刻。但是，不论把演说分成几部分，主题是唯一不变的。它和中心思想是相辅相成的，而三分结构也是用来支撑中心思想和内容叙述的。

在日本关西外国语大学参加“演说之禅研讨会”的学员正在对头脑风暴后的信息进行分类、分层，并确定中心论点。

第三步：完成纸上故事板

在纸上而不是电脑上进行故事板创作。我把在第二步中构思出的各种想法写在纸上，然后用报事贴按顺序铺在面前。这种方法较使用软件的优势是，随时可以在合适的标题下面增加报事贴，添加必要的内容，同时保持对全局的把握。如果使用软件，则需要在编辑模式下添加新幻灯片，然后切换到预览模式下查看整体布局。其实在日本的商科学生中还流行着另一种好办法——打印空白幻灯片。每份纸上打印12 张空白幻灯片，相当于大开面的故事板笔记本。如果需要更大的故事板，则每份打印6 张。随后就可以把它们贴在墙上或铺在桌上，像报事贴那样使用，完成后还可以夹在笔记本里。你可以在打印出来的空白幻灯片上设计图表、标上要点等，见下图。

在对头脑风暴环节产生的一些想法进行筛选后，参会者开始通过对演说内容进行排序，搭建演说的结构。这个环节仍然比较混乱，因为他们需要继续删除或增加新的想法，使演说的内容更加圆满。

第四步：画出草图

既然已经明确了演说的主题、核心思想和两到三块细节部分（包括数据、故事内容、引语和事实等），那就可以开始考虑起草图画了。如何把想法以图画的形式表现出来，给观众留下深刻的印象？可以使用草图簿、报事贴甚至草稿纸，把你的想法在上面画出来吧！这些草图最后都会变成高质量的照片或图表等。你可以把草图直接画在第三步中的某些报事贴上，也可以在新的报事贴上面画。

左图是根据约翰·梅迪纳在《让大脑自由》（*Brain Rules*）一书中提到的相关思想而制作的8 张幻灯片实例，主题是如何吸引观众。我并不准备拿这些速描去赢得什么艺术大赛，但这都没关系，只要它们对我有意义就行（这里展示的图画来自“演说之禅故事版素描簿”）。随后，我把这些速描（原型）在电脑上用图片显示出来（见下页）。

大脑法则#1
1
法则#1
运动提升脑力
2
“学校教室和办公隔间是最大的反大脑环境。”
——约翰·梅迪纳
3
“学校教室和办公隔间是最大的反大脑环境。”
——约翰·梅迪纳
4
“如果将人们对于讲座的注意当作一笔生意来做，那么成功率只有20%。”
——约翰·梅迪纳
5
他们为什么会感到枯燥和乏味呢？
6
大脑需要休息
7
人们注意力的持续时间
High
注意力
Low
会议调整
10
20
30
40
50
会议时间
8

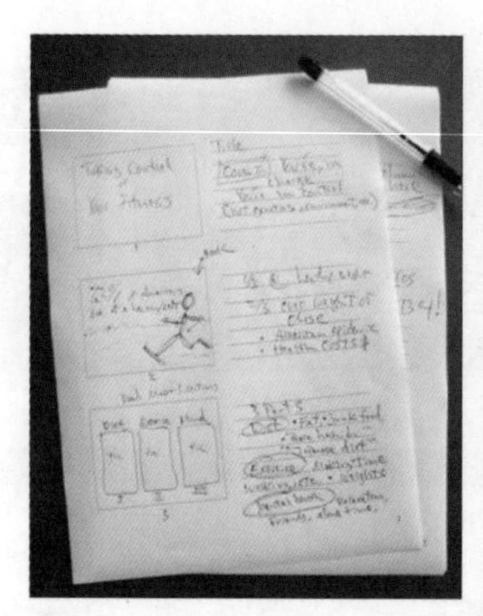

你也可以把第三步中产生的想法画成草图。在这个例子中，叙述的重要部分被写在了幻灯片的旁边，而上面的草图就是幻灯片本身。

这里先是标题幻灯片，而后第2张是一个过渡幻灯片以提出问题，然后是提纲或概要。实际上，我在引出第3张提纲式幻灯片之前，使用了多张幻灯片，用以介绍肥胖问题。（图片来自Shutterstock网站）

第五步：完成大纲视图

如果你十分清楚演说的结构，则可以跳过第三步和第四步直接在软件里创建幻灯片的大纲视图。挑选幻灯片时应选择最简单的空白幻灯片模板（如果必须使用公司的模板，那就挑样式最简单的）。我通常先选择一张空白的幻灯片，然后加入文本框，设置好最常用的字体和大小（你可以创建多个幻灯片母版）。随后我会复制几张幻灯片，因为那些幻灯片上会被添加一系列内容，包括短句、词语、名人名言、图像和图表等。每一部分的第一张幻灯片——演说达人杰瑞·魏斯曼把它们叫作缓冲幻灯片，应该选择不同的配色方案，使它在大纲视图下能与其他幻灯片区分开来。如果你愿意，那也可以把它们设置为隐藏，只有在普通的编辑视图中才显示出来。然而，对我来说，这些处于每部分开头的幻灯片起到了承上启下的作用。

在创建完幻灯片的大纲后，你就可以添加内容做进一步的阐述和说明了。首先我会用一个开头做介绍或“提出问题”，从而引出中心思想。接下来我会将演说内容分成三部分，论述观点或“解决问题”。这里的关键是它们都要围绕中心思想展开，做到内容翔实，幽默风趣。

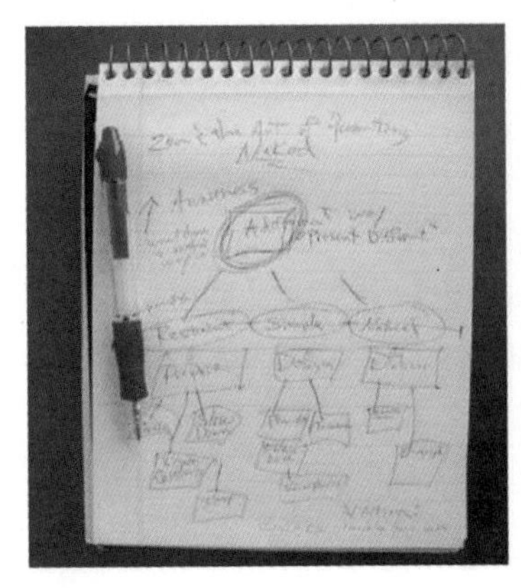

上图：这是我经过第二步做的一个叫作“裸演说”的演示提纲。我在这里用到了简单的手写本而不是报事贴，但是基于这些想法我画出了大致的样式，并把一些关键字写在报事贴上，来完成第四步的结构搭建。（未在此展示）

右图：第五步的故事板搭建过程。尽管第四步的草图没有在这里展示，你却可以清楚地看到简单的结构，每一节内容的幻灯片可以再添加进去。最终幻灯片的总数远远超过了这里的图片。

南希·杜瓦特（Nancy Duarte）

她是世界领先的演说设计公司总裁，她的客户包括世界最著名的公司及思想领袖。

南希也是几本畅销书的作者，她最新的力作是《数据背后的故事：通过故事解释数据和开展行动》（*DataStory: Explain Data and Inspire Action Through Story*）

南希·杜瓦特谈故事板和幻灯片演说设计。

如今人们的许多交流显得很空洞，让人无法捉摸。各种服务、软件、成因、思想领袖、变革管理和企业理念等，大多都是抽象的，短暂而不稳固。这不是它们的错。但是，这些概念过于抽象，使我们感到阐述起来十分困难，而观众也难以理解。为了使观众感觉所述内容具体且可行，就需要把无形的事物直观地呈现出来，就像某种艺术形式一样。因此做演说的第一步不是打开电脑，而是拿出纸和笔。

我为什么会反对一开始使用电脑呢？那是因为幻灯片制作软件不可能产生灵感，它也不是画图工具，充其量只是各种想法的载体，而不是想法的源泉。我们许多人陷入一种误区，在设计之初就使用幻灯片软件去构思演说的内容。实际上，最佳的创作过程是无须技术帮忙的，我们真正要用到的是那些伴随我们成长的工具——纸和笔，其目的是为了获得尽可能多的想法（此时还不一定是图画），它们可以是文字、图表或场景；“可以”就是字面意思，也可以是引申意义，关键是它们可以将你的想法呈现出来。这样做的一个好处是，不用去考虑怎样使用画图工具或者应该把文件存在哪里等问题。你需要做的就是信手拈来（别说你不会画画，你只是缺乏练习而已）。这就意味着你能在较短时间内想出众多点子。

对我来说，一张报事贴写一个想法最好。一般来说，如果你无法在一张报事贴上完整表达一个想法，则说明那个想法过于复杂。简明扼要是人们进行清晰交流的关键。此外，使用报事贴的另一个方便之处，是你可以把它们进行任意地粘贴和排列组合，直到把演说的整个结构搞清楚为止。另外，我公司的许多人喜欢使用故事板这一更为传统的方法，以线性的方式把各种点子写在上面，表达清晰而且详略得当，这个办法也非常好。介绍以上方法的目的，不是教你具体怎么做，而是激发你较快地寻求更多的创意。

你往往一下子就能想到不少点子，这很好，但是不要认为那就足够了。鼓励自己继续想下去，产生更多的想法。这需要一定的磨炼和不屈不挠的精神，尤其是第一次尝试就成功的情况下更要坚持下去。尝试通过文字联想产生更多的想法。使用思维导图和单词风暴（word-storming）能帮不少忙（习惯使用数字技术的人在这一阶段或许更愿意用思维导图）。好点子往往会在四五个点子出现之后到来。千万不要害怕多想就会想偏，毕竟你也不知道结果会是什么，不是吗？一旦你有了许多点子之后，挑出和你试图要传达的概念或理念相关的。在这个阶段，具体这些想法如何成形并不重要，重要的是确定它们可以用来表达你想阐述的内容。顺便说一句，我们要避免使用拙劣的比喻。画面中是一个地球，它面前是两只握紧的手……如果你脑子里想到的是这些，那么赶快放下笔，想想是否应该休息一下或者做个香薰理疗什么的，以激发出别出心裁的点子。休息过后你会精神焕发，想象力也就更为丰富，随后再慢慢思考，努力使创意打动观众，让他们记住你的演说。

那好，现在应该开始画草图了。跃于纸上的草图能激发出更多的点子。画图的过程大可随意快捷，一蹴而就。在这期间，草图成了验证想法的一个途径，对于那些过于复杂和耗时过多的想法，就可以考虑把它们去掉了。不要担心删掉东西——这就是为什么你在一开始要尽量地多想点子的原因。实际上，最终只会留用一个点子（有人认为这是对创意创作的糟蹋，但这是好事）。

一方面，有些想法需要由多张幻灯片才能表达，一张幻灯片可能无法涵盖全部内容。另一方面，需要使用一些图片、插图或者短片等向观众传递你的想法。通过尝试，选择最有效的而不是操作起来最方便的那个方式。

这时，你就需要设计师的帮忙了（这是早就该搞定的）。向专业人士寻求帮助并不可耻，重要的是你和观众之间的交流能否取得满意的效果。至于你有没有数码制作方面的技能，那是另一回事。

杜瓦特公司设计负责人海莉·里克在构思创意阶段把梗概草稿写在白板上。

数字故事板

在任何项目的构思创意阶段，主要的阶段目标都是尽可能地产生更多的创意。而把这些创意和灵感从大脑中捕捉下来，最快速的办法就是使用你的双手——不论是把这些想法画在白板上，还是快速在故事板中勾画出来。

随着技术在过去几十年的飞速发展，职业设计师的电子平板和触控笔成了他们新的纸和笔。有了这些工具，设计师可以把他们的想法在数字故事板中记录下来。数字故事板可以让设计师在草图中添加颜色、动画、景深等，也可以对草图进行复制和修改。这些功能可以在制作幻灯片之前节省大量的时间，减少迭代次数。

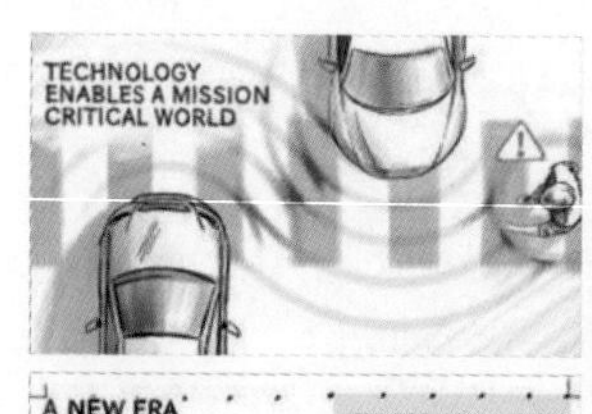

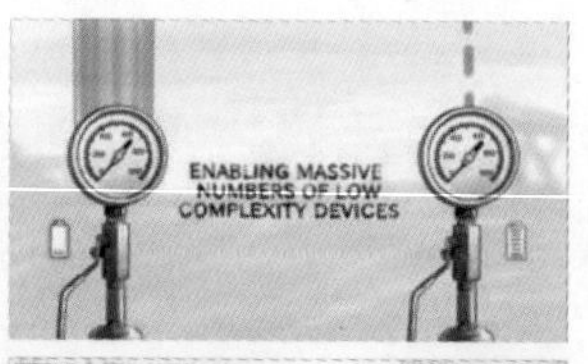

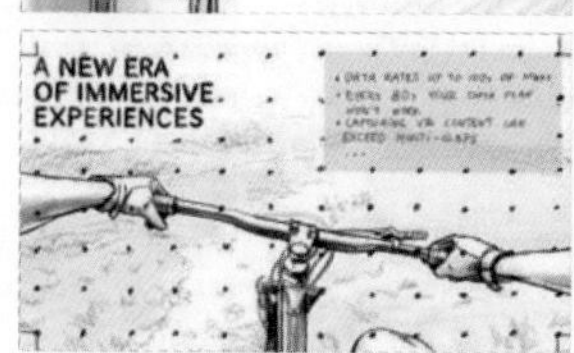

设计师有时需要制作复杂的三维设计草图。如果使用传统的笔和纸需要花费大量的时间，而数字应用程序可以把运动、景深快速完成。这些草图可以让客户在制作昂贵的3D动画之前快速地理解和确认创意概念。

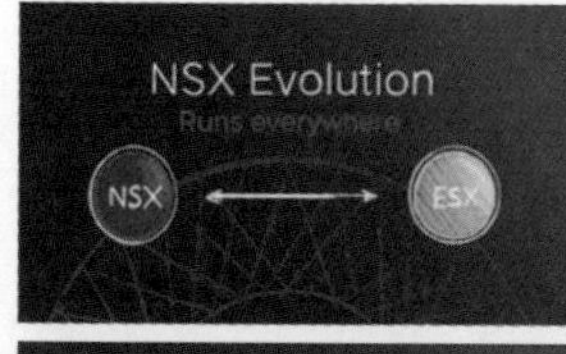

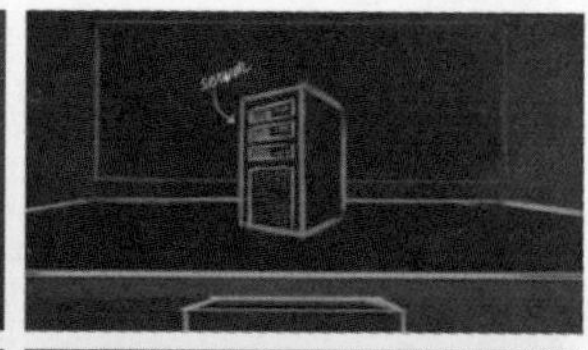

利用传统的纸笔往往是在白色的底稿上形成草图。利用数字故事板，你可以向客户呈现绚烂的色彩，这些丰富的视觉形象可以让客户在制作之前就能（非常兴奋地）预想到最终的幻灯片。

如果你脑中的画面是在地球前面两只握着的手，那么赶快放下笔，离开桌子。想想是否应该休息一下或者做个香薰理疗。

——南希·杜瓦特（Nancy Duarte）

不要包罗万象

我对《星球大战》系列电影的喜爱可谓到了如痴如醉的地步。在过去的几年里，随着我不断了解乔治·卢卡斯在影片背后付出的创意和努力，我逐渐意识到，我们普通人可以从他这样的故事能手身上学到演说方面的许多知识和技能。演说，不就是讲述故事的绝好机会吗?

我搜集了近年来对卢卡斯的一些采访，特别是有关他谈及《星球大战》的幕后制作方面的采访。他在采访中经常谈到，制作人员会疯狂地剪辑故事情节，以将影片控制在两小时左右的长度。为此，他们要仔细校对每一幕，确保它们紧扣故事的主题。如果发现某一处是多余的，不管这一处多有趣，多么酷，制作人员都要进行适当的剪辑。之所以要控制在两小时左右，出发点都是为了影片能更好地吸引观众。

我们都有类似的经历，看到电影的某些场景后很费解，这和故事的情节有关吗？或许是因为导演认为那里运用了令人眩目的特效而没舍得将它剪掉，但这个理由根本站不住脚。聆听演说时，我们也会碰到不少演说者讲述一些与主旨毫无关系的内容，比如列举无关紧要的数据、资料、图表等。演说中之所以会出现多余的部分，也许是因为演说者对自己的作品感到十分自豪，想借机炫耀一番。但他们没有意识到，这些多余部分对演说的主旨根本起不到任何烘托和支撑作用。

在构思故事时，要尽可能地做到简短有效。构思之后还要对所选材料进行适当的取舍。有用则留之，无用则删之，绝不要手下留情！有时做出删除的选择十分困难，但必须这么做。

许多人不善于删除或修改他们的演说内容，原因是他们害怕，心有顾虑。他们自认为演说中多包含一些信息不会有大碍，认为那是一种明哲保身之举，奉行“多总比少好”的原则。但这往往会导致时间上的浪费和过多信息的堆积。想要使演说覆盖方方面面，那几乎是不可能的。这种想法实在没有太大的意义，不过是个演说而已，而且无论在演说中你提及多少内容，最后还是会有人说，“嘿，你为什么不说……”观众中总会有些苛刻的人，但是不要一味迎合他们，那样只会干扰你做出正确的选择。

设计一个紧凑的演说并不容易，在这当中你不仅要列举简单而具体的事例说明问题，还要努力打动观众。但一切努力都是值得的。每一个成功的演说都有故事元素的存在。你的任务就是找出这些元素，然后把它们组织起来，最后做一场令人难忘的演说。

传奇导演黑泽明对于故事的编辑原则，引自《蛤蟆的油》（*Something Like an Autobiography*，1983）。

本章要点

- 要想使演说吸引人，并给观众留下深刻印象，请注意不要复杂。演说时多采用举事例、讲故事的形式加以论述。同时，还要带给观众意外和惊喜，以激发其内心情感。
- 演说绝不仅仅是陈述事实。
- 在无电脑干预的情况下进行头脑风暴。将一些重要的点子分类、分层，找出背后共同的中心思想，并在准备阶段始终围绕该中心展开。
- 把各种想法写在纸上，做成故事板，然后用幻灯片软件设计出结构和布局。
- 在任何时候都要体现出约束，一切内容都要服务于中心思想。

设计

我们的生命被细枝末节所荒废，要简单，简单，简单！

——亨利 · 戴维 · 索罗（Henry David Thoreau）

5

简约是一种美

随着我们的日常生活变得愈加纷繁复杂，越来越多的人开始寻求简单的生活。但是，想要在职场上也遵循简单的原则，却似乎变得更加困难。专业人士不愿凡事从简，他们害怕别人认为那是才疏学浅、无力解决复杂问题的表现。这种顾虑导致他们屈服于所谓“多总比少好”的思想。

人们对于当今“简约”的意义存在根本性的误解或曲解。许多人将简约与简陋、极简主义等混为一谈，认为简约就是过度简化事物和规避复杂，其中甚至隐含欺骗或误导的意味。比如政客往往会因为过度简化问题而遭人非议。但我所谓的“简约”并不是以偷懒或规避复杂问题为出发点，而是一种直达事物本质的智慧，通过从简使事物变得简明扼要、清晰明了。可是，实际中要真正做到“从简”又谈何容易！

简约——以及其他一些基本准则，比如约束和自然——是禅宗所推崇的生活和处事原则。为了能够真正掌握日本的茶道、俳句、插花和墨绘等技艺，个人往往需要付出数年甚至毕生的努力。这些技艺对常人来说很难，但在大师们手下却显得简单而优美。因此我们很难给出“简约”的确切含义。但是，当我说到幻灯片设计应该从简时，我并不是鼓励大家抄近道或偷工减料、规避复杂，也不是采用一些毫无意义的话语以及浅陋的内容。我所说的简约更类似于清晰明了和直接不晦涩的意义，而且关乎于事物的本质。比如交互设计师等专业人士经常把问题化繁为简，从而找出“简单的”对策。对他们来说，那个对策可能并不是最简单的一个，但是对产品使用者或用户来说却是最简单的。

如果带着简约的思想，则往往能够设计出优秀的幻灯片。但是涉及演说的具体细节问题时还需根据不同的内容和场合做出相应的变化和调整。就拿关于量子力学的幻灯片来说，它们做得再优秀出色，对于不同的观众而言，其难度和复杂程度也不尽相同。简约的目的常常是使内容变得更加清晰明了。然而，简约也可以被看作是从简的结果，即从满足观众的需求出发，谨慎地构思故事并制作辅助的幻灯片，最后使演说清晰明了、含义深刻。

简约思想是设计时需要遵循的一个重要原则，但这并非意味着一劳永逸地解决了所有幻灯片演说的问题。有人可能将幻灯片设计得过于复杂，但也有人会把幻灯片设计得过于简单！简约是我们所追求的一个目标，但是，爱因斯坦也曾说过："凡事需要尽可能地简化，但不要简单过了头。"

"简单比复杂更困难：

你需要花费很大的精力才能把你的想法变得简洁清晰，但是这种花费现在看来是值得的。因为一旦你到了那里，就会发现原来阻挡你的大山已经被搬走了，只留下一片坦途。"

——史蒂夫·乔布斯

商务周会，1988年5月25日

这张幻灯片以熟悉的乔布斯风格为背景，尽管你需要在幻灯片中避免使用大量的文字，但是有时候以大的字体来进行引用也是正确的。

史蒂夫·乔布斯与禅宗美学

史蒂夫·乔布斯是商业领域最杰出的演说者之一。当他站在台上讲话时，语言表达清晰，内容紧扣主题。他担任苹果公司CEO 时的一系列演说获得了强烈反响，掀起一股演说交际的潮流。其中一部分原因，就是不论对媒体还是苹果用户而言，乔布斯的演说都容易理解，而且令人印象深刻。如果你不明白某个词的含义，就不能“散布这个词”。乔布斯的公共演说，无论在语言表达还是视觉展示方面，都做到了清晰和明了。

乔布斯曾经学过禅宗，而且早期深受日本美学的影响。“我常常能发现佛教，特别是日本的禅宗佛教中存在极致的美，”他对自己的传记作家华尔特·艾萨克森（Walter Isaacson）说，“这种极致的美体现最突出的地方就是京都的花园。我被这种日本文化深深打动，其设计理念就来自禅宗佛学。”乔布斯的演说风格和方法都吸纳了禅宗美学中简约与清晰的精髓，而这在其他公司CEO 和领导层中是很罕见的。

乔布斯在演说中使用的许多幻灯片都能体现清晰的特点，这都是禅宗美学的体现。在乔布斯的幻灯片中，你还能看到他对约束、简约、留白等原则的运用，以及严格地避免拖沓和冗余。

与乔布斯的简洁风格相比，比尔·盖茨却是反面教材的典型代表。2007年，盖茨还在代表微软公司进行演说，当时我正在写我的“演说之禅博客”，也正在撰写《演说之禅》的第1版。现在比尔·盖茨的演说变化已经很大了。比如从他在TED和盖茨基金会上的演说来看，他的幻灯片的视觉呈现效果已经好了很多。

但是，盖茨被广为人知的是他过去的演说风格。他和其公司员工在进行幻灯片演说时，使用幻灯片的方式和其他成千上万的人一样，无法获得应有的效果或达到演说的本来目的。他们的问题很普遍：在一张幻灯片上放了太多的东西，使用了过多的列表（包括长句）、配色以及蹩脚的图片，视觉信息也不够突出，因此总给人留下不佳的印象。

史蒂夫·乔布斯和比尔·盖茨都会使用幻灯片辅助演说。两者的最大区别是，前者使用的幻灯片会占据演说的较大部分。但这些幻灯片并没有把乔布斯压得喘不过气来，反而成了他演说中必不可少的部分。对乔布斯来说，幻灯片的作用已经超出了简单的提示或者修饰作用，更重要的是，能够帮助他更好地讲述故事和完成演说。同时，乔布斯在演说时十分注重与观众进行自然而坦率的互动，这也是他很少面朝屏幕、背对观众讲话的原因。其实，乔布斯的演说倒和拍电影有着许多相似之处，比如屏幕都是被用来协助他们讲述故事的。只不过电影使用演员、画面以及特效去传达思想，而乔布斯则用幻灯片和话语去自然地阐述故事，两者的搭配往往天衣无缝。

图片来自：Justin Sullivan/iStockphoto网站

图片来自：Justin Sullivan/iStockphoto网站

相比乔布斯，比尔·盖茨的幻灯片就缺乏简约之美，导致无法取得应有的效果。盖茨使用的有些幻灯片根本就是多余的；多数情况下只是作为装饰和点缀罢了。在许多情况下，你其实不需要幻灯片，和观众一起分享自己的想法，并回答他们提出的问题就行了，那样的效果可能会更好。并不是所有的演说都要使用幻灯片，不过一旦采用，它们就应该成为演说内容的一部分，而不是无关的装饰或点缀。

我很钦佩比尔·盖茨，因为他对教育的投入，也因为他为盖茨基金会的卓越付出。但是说到公开演说且要用到幻灯片的时候，他还有许多要向乔布斯学习的，学习后者如何做出与众不同的演说。其实比尔·盖茨的演说不能说差，只是很普通，也不卓越。他的演说充满了PPT的“中庸”和“传统”的风格，也因为这样，他的大部分演说都被人遗忘了。但比尔·盖茨本身是个与众不同的人，他的演说自然也应超凡脱俗。令人高兴的是，盖茨似乎已经开始改变演说的方式，而且效果比以前好多了。

这个故事告诉我们：如果你打算在一大群人面前大谈公司战略或软件设计等重要话题，你所配合使用的幻灯片至少也应是深思熟虑后的产物，而不是仅仅将其作为装饰或点缀。

道法自然

禅宗本身与幻灯片设计并无直接关联。但是，了解一些禅意美学（审美观）将对幻灯片设计起到积极的作用，通过借鉴并采纳相关原则，会使画面内容简明扼要、效果出众。

简约

禅意美学所提倡的一个重要原则就是简约，崇尚简单即美。日本兼具艺术家、设计师以及建筑师身份的川名幸一（Kawana）博士曾说："简约就是运用最少的手段获得最大的效果。"你设计的幻灯片是否也做到了使用最少的元素，取得最大的影响和效果呢？花一些时间想想你最近制作的幻灯片，它们体现了"简约"精神吗？

自然

川名幸一博士说，美学中的自然原则能够"遏制浮华与藻饰"。约束有着积极的一面，杰出的爵士乐手从不会表演过头，相反地，他们会顾及其他乐手，找出属于自己的那部分音乐空间与他们一同表演。图形设计师会在约束条件下剔除与设计无关的内容，只留取必要的信息以传达给特定的人群。约束自己很难，把事物复杂化却很容易，后者也更普遍。这其中就蕴含着禅意美学。川名幸一博士在谈到日本庭院时说："设计师必须遵循'见隐'的原则，因为日本人相信，若将事物的一切都表现出来则有损观众的利益。"

雅致

雅致这个原则可以应用于生活中的许多方面。在视觉信息和图形设计方面，该原则强调简单清晰以及只可意会、不可言传的优雅。在《宅寂》（*Wabi-Sabi Style*）一书中，作者詹姆斯·克劳力（James Crowley）和珊朵拉·克劳力（Sandra Crowley）这样评价日本的美学观：

“日本人把浮华的藻饰以及鲜艳的色彩归为低俗，认为赘述无须思考，且毫无创意可言。超越浓墨重彩与繁复的装饰，返璞归真，简单得体，这才是美的最高境界，正所谓简单就是美。少用色——有节制、优雅地用色，画面会更清爽、更美。”

在幻灯片中，无须把所有细节都展现在观众面前。你要做的是结合解说和幻灯片画面，激发观众的想象力，获得他们情感上的认同，使他们真正领略你的想法，而不是简单地将每张图片和每段文字之类的细节印入观众的脑中。

禅意美学推崇的原则包括（但不限于此）：

- 简约
- 微妙
- 雅致
- 含蓄
- 自然（不矫揉造作）
- 留白（不是空白）
- 平和宁静
- 极简

上述原则适用于各种幻灯片设计、网页设计以及其他相关设计。

大道至简

我在日本青森县的下北半岛学习茶道时开始了解在日本十分流行的“宅寂”理念。下北半岛是日本北部的一个村子，在那里能感受到日本传统的价值观念。随着对茶道学习的深入，我逐渐领略到了该仪式的简约之美，那正是禅宗所推崇的：纯洁宁静，崇尚自然与人的和谐生活。

宅寂（Wabi-Sabi）一词出自日本，源自日本人对大自然敏锐而深刻的观察。从字面看，“宅（Wabi）”有穷困或财富匮乏的意思，但却蕴含着不沉湎于世俗财物、社会地位的深刻意义。“寂（Sabi）”则是孤独和寂寞的意思，当你独自一人徒步在荒漠时就会产生“寂”的感受，它能令你陷入沉思——深深的沉思之中。“宅寂”在赋予人们对艺术品或景观优雅之美的鉴赏能力的同时，不忘向世人传达那些终究是转瞬即逝的深刻哲理。

一些西方人对“宅寂”的了解可能源自“宅寂”式设计。这是一种室内设计风格，推崇质朴与和谐之美，平和与原生之道；看似平淡甚至有些简陋的风格却无半点矫揉造作的本意。

宅寂的理念尤其适用于建筑学、装潢设计以及美术等领域，但它也可以被运用于数字化演说的艺术（比如有视听设备支持的幻灯片演说）。宅寂体现的正是“简单就是美”“少即多”的思想，这些正是被当今社会谈论最多，但也是最被忽略的问题。带着宅寂的理念设计出来的幻灯片绝不是偶然随意的结果，它们不会显得杂乱无章。它们美观大方，但绝不花哨而繁复。它们往往充满平和之美，无论是对称还是不对称的，都依然那么协调。褪去浮华和喧嚣的幻灯片也显得更加清晰和明了。

日本的庭院其实也是宅寂理念的体现。宽阔的地方毫无半点多余的装饰，一眼望去，只有错落有致、精挑细选的石块和一旁被耙平了的碎石，简单而美丽。日本的庭院可能不同于西方人的后院，后者往往充斥太多的景色，以至目不暇接，很快便被人忘却。如今的许多演说又何尝不是这样呢？作为观众，我们经常会在一段较短的时间里经受图画的视觉冲击，加上演说者滔滔不绝的演说，最后竟然发现自己并没记住多少内容，理解的也甚少，这样的演说怎能令我们印象深刻？难道一个优秀的演说是以数据多少或故事长短，而不是其质量或意义来博取观众喜爱和认同的吗？

在日本生活的这些年里，我真切地感受了许多禅意美学在现实生活的具体体现。我在参观庭院、赶往京都坐禅，甚至和一群日本朋友一同进餐时，无不感到禅意美学的存在。我相信，这种美学也能够应用到职场和工作之中，帮助我们设计出更具启迪意义的佳作。当然，我并不建议以创作艺术的眼光去评判幻灯片的好坏，但是“宅寂之简”的理念确实有着重要的实际运用价值，而幻灯片的设计就是其中之一。

日本京都银阁寺的观音堂，提醒人们仅仅保留必要的部分。

鱼的故事

有一次，我给硅谷的一家科技公司做演说，会后收到了一封署名是迪帕克的来信，他是观众中的一名工程师。在信中，他提到了一则小故事，我觉得刚好能够反映“极简”的美学原则。下文就是信的内容。

当您谈到“极简”的原则时，我突然想到了孩提时代在印度听过的一则故事，内容大致是这样的：

维杰开了一间鱼铺，他在门口竖了一块招牌，上面写着“我们这儿卖鲜鱼”几个字。他父亲见后说，“我们”二字可以去掉，因为站在顾客的角度，卖方是显而易见的。于是招牌变为“这儿卖鲜鱼”。

维杰的哥哥见状，提议把“这儿”二字也去掉，他觉得那根本就是多余的。维杰同意了，于是招牌又变为“卖鲜鱼”。

后来他姐姐也来了，建议再把“卖”字去掉，只剩下“鲜鱼”二字。鱼铺“卖”鱼是再明白不过的了。

再后来，他的邻居赶来恭贺开张。可他发现所有的路人都能分辨出鱼铺的鱼十分新鲜。在招牌上写着“鲜鱼”反而给人作假的嫌疑。既然鱼确实很新鲜，那干脆只写“鱼”就行了。

维杰在一次返回鱼铺的途中注意到，在离店很远的地方虽看不清招牌，却已经能够闻到鲜鱼的味道了。他觉得招牌上的“鱼”也是多余的了！

如果艺术家能以简单的手法直接表露事物的本质，那么他的创作含义将被大幅提升。

——史考特 · 麦克劳德（Scott McCloud）

简约就是力量

禅宗美学告诉我们，通过简化能够展示事物之美，诠释有力信息。禅宗可能并无“简约就是力量”这条，但这种思想其实存在于各种禅宗艺术之中。日本绘画中有一种被称为“留白”的手法，诞生于800多年前，源自“宅寂”的理念。运用该手法绘出的画通常画面简单，而且留有多处的空白。比如画面上是一片碧海蓝天，海面上仅漂着一条旧渔船，若隐若现。正是这条不起眼的小渔船突显了大海的宽广和无垠。人们在欣赏此画时，内心就像海面般平静，面对画面中小渔船上的渔夫，我们仿佛可以看到他孤独沉寂的面容。整幅画的内容谈不上丰富，但却能使你为之动容。

以漫画为师

你可能不相信，在谈到简化幻灯片的设计时，我们可以向漫画取经学习。史考特·麦克劳德（Scott McCloud）创作的《了解漫画：暗藏的艺术》（*Understanding Comics*：*The Invisible Art*）一书是我们学习和认识漫画的最佳途径。他在书中多次讲到“简约就是力量”的思想。

麦克劳德认为，卡通是一种典型的通过简单的东西体现深厚意蕴的艺术形式，那些漫画中抽象的图画很少有无足轻重的细节，相反细节都体现着作者特殊的用意。

简约是许多漫画共有的一个重要特点。但麦克劳德提醒人们，在著名的日本漫画界，“简约的风格并不等同于简单的故事”。不少人（至少是日本以外的人）对漫画抱有偏见，他们认为漫画中使用的简单图画和文字决定了漫画本身肤浅的基调，因此只有孩子和懒人才适合去看那些毫无深度和幼稚的漫画。他们还说，简单的图画和文字根本无法表达隐含在故事背后的深刻意义。然而，如果你去日本最著名的东京大学周围的咖啡馆走一遭，你就会发现里面的书架上摆满了漫画书。在日本，根本没有所谓的“幼稚”类漫画。事实上，形形色色的“专业”漫画迷遍布于日本以及世界许多其他国家。

边角的启示

马远（1160—1225）是中国宋代的著名画家，世称“马一角”。他深刻地影响了诸多知名的日本画家，包括周文（1403—1450）和雪舟（1420—1506）。下图是马远非常著名的《山径春行图》（收藏于台北故宫博物院）。此画是典型的一角风格，在他的绘画中，元素常常被放到一个边角之中。马远的这幅画中的焦点在画面的左下角。画面中大量的留白给我们留下了充分的想象空间。你的视线会被缓缓地引导到画面的右上角，南宋宁宗的题诗：“触袖野花多自舞，避人幽鸟不成啼。”

上述的观点并不是说，我们在创作幻灯片等视觉影像时都要像画家马远这样简约非凡，而是我们需要借鉴留白和这种不平衡而产生的美，给观众带来更多的想象空间，吸引大家的眼球。下一页中的4张不相关的幻灯片都使用了我自己拍摄的照片。这些照片并没有严格的依照“一角”原则，但是你会发现每张幻灯片里面的边角里面都有一些小的素材。

马远的《山径春行图》

这张幻灯片是用在一个关于创新的演说中。这张照片拍摄于俄勒冈的佳能海滩。孤独的跑者在广袤的背景之中。人物很小并靠在了边上，留下空间填写文字，这样看起来就很不错。

在8月的俄勒冈的佳能海滩有非常好的室外温度。这张照片反映了这个主题，留下了大量的空白，并且与右下角的小圆桶形成了鲜明的对比。

这是我在俄勒冈佳能海滩抓拍的另外一张照片。大海位于照片底部的三分之一，岩石占据了照片右侧的三分之一。可以有大量的空白使用大字体的文字。我们可能不会马上发现在照片左侧的冲浪者，与大海和岩石相比，他显得很渺小。

这是我在冲绳县石垣等飞机时拍摄的照片。我在“日本的待客之道：无微不至的精神”演说中使用了这张照片。这张照片的小要素是当飞机滑行时，地勤人员排成一排，挥手向旅客告别。

如今的问题是，这种以简约的手法直接表露事物本质，从而使幻灯片变得更有力的想法并未广为人知。在许多人眼里，少就意味着不够好。如果一位“开窍的”年轻员工带着“直接表露事物本质”的思想设计幻灯片，她的老板看后一定会说：“不够好，太简单了。你都没写什么内容嘛！要点在哪？公司的标识呢？你太浪费地方啦，这几处都可以再加点数据的嘛！”那位员工听后颇感挫折。于是她尝试向老板解释，说明演说的关键不是幻灯片本身而是她的现场表现，要点什么的她自会一一道出；她准备的这些幻灯片在文字、图片和数据之间达到了微妙的平衡，能够起到强有力的辅助作用，从而帮助她提升演说的内涵。另外，她还告诉老板，她已经为客户备好了详细而充实的文稿，并强调幻灯片和它是两码事。但老板听后，根本置之不理，直到她把幻灯片修改成“传统意义上”的形式，才满意地点头，并认为这才是“严谨”之人该做的事。

我们做事除了要严谨，还要尽可能学会接受“简约就是力量”的思想。我并不是让你变成一位艺术家或者自己绘画，而是希望通过探索所谓浅显的漫画找出对幻灯片设计有用的东西，比如如何将画面与文本结合起来等。实际上，尽管麦克劳德在写《了解漫画：暗藏的艺术》一书时怎么也不会想到漫画会和幻灯片设计扯上关系。但是，与其他教你如何使用PowerPoint 的教材相比，我们在他的书中，却能学到更多有关在“概念时代”如何进行有效交流方面的知识。比如，他在书的前半部分给漫画这样定义漫画，并在全书中证明了此观点：

> “漫画是一组有着特定排列顺序的图画（形），旨在向阅读者传递信息，使其产生美的享受。”

不妨设想一下，如果对上述定义稍加修改后作为演说或数码（多媒体）讲故事的定义又何尝不可？虽然我们无法很好地定义“幻灯片现场演说”，但作为一场优秀的演说，它难道没有包含“图画（形）”元素？难道不是“旨在向观众传递信息且（或）使其产生美的享受”吗？

麦克劳德还在书的末尾提到了许多简单却充满智慧的想法。不论我们在哪方面具有创意才能，他的建议都将使我们终身受用。他说：“我们所需要的是与人交流的渴望、学习的意愿，以及看清事物本质的能力。”

我们当中的许多人都有渴望，但缺乏学习的意愿以及看清事物本质的能力。为了使我们更好地理解漫画这门艺术，麦克劳德呼吁“只有摒弃对漫画的固有偏见或传统思想，才能更好地探求漫画赋予的种种内涵。”演说又何尝不是这样？只有以更开放的思想看待演说，我们才能做出改变和新的选择。这其实还是归根于个人能否看清事物本质的问题。

"COSMOS•A PERSONAL VOYAGE"/ Druyan-Sagan Associates, Inc.

无与伦比的卡尔·萨根：科学家、演说家

卡尔·萨根（1934—1996）是一名有着巨大影响力的著名天文学家，他也是著名的演说家。我从20世纪80年代看了他著名的系列电视片《宇宙》之后，就是他忠诚的粉丝。萨根通常把一个复杂的问题解释得浅显易懂，并激发你对科学的热情。作为一个科普学家，同时也是杰出的科学家，他并不是简化问题，而是借用一种独特的、吸引人的方式，举例说明解释这些问题，让观众更易于理解。他是一个科学演说家，关注大家对问题的准确而清晰的理解。萨根经常在演说中使用数据进行对比和解释。比如在第13集"宇宙的起源"中，他提出了一个问题"谁在为地球呐喊？"萨根用描述性的语言在你的脑海中创造了一幅画面，这种方式比大多数图片或动画更为有效。萨根问道："20吨TNT炸药爆炸会如何？"他回答道："这会毁掉整个街区。而在二战中所有的爆炸当量相当于使用了200万吨TNT炸药，也相当于10万枚巨型炸弹。"这时候我们看到了持续6年的第二次世界大战所带来的破坏性景象。200万吨不再是一个抽象的数字，我们在内心中被这种毁灭性的力量所震撼。接下来，萨根抛出来更为震撼的："今天，200万吨TNT当量就是一颗核弹的能量。"1枚核弹就能造成第二次世界大战整整6年的破坏效果。这是多么令人恐怖又鲜明的景象。

我们很难在森林中看到森林的全貌。好的演说者往往能让我们退后一步，从另外的视角来阐述问题，让我们看到什么是正确的、什么是错误的。在《宇宙》的最

后一集，萨根提出了一个问题："如果有一个不带感情色彩的地外文明观察者，我们如何解释地球上发生的一切，我们如何解释我们对于地球的管理？"当我们从地外文明（没有感情色彩的外星观察者）的视角来看待这个问题时，就已经超越了种族、政党、宗教等。萨根说道："从地外文明来看，我们的星球文明处于毁灭的边缘。人类的首要任务是保护物种，养育人类，并使得这个星球变得宜居。"萨根解释说，有一种新的意识正在觉醒。地球是一个完整的有机体，而在这个有机体内部的战争终究会导致自身的毁灭。萨根问道："我们知道谁在为国家呐喊，但是谁在为地球呐喊？"答案显而易见，是我们自己。在《宇宙》的最后一集中，萨根给出了自己的结论：我们的忠诚应该奉献给太空和这个星球。我们之所以能生存和得以繁衍并不是因我们自己，而是源自亘古广袤的宇宙。

简约不简单

我们通常一说到时间就会想着“如何节省更多时间”。时间对我们是一种限制，但在设计幻灯片时，如果我们站在观众而不是自己的立场上看待“省时”这个问题，那结果会如何呢？如果“省时”不仅仅关乎我们的时间，还包括观众的时间呢？当我坐在席中观看演说时，如果那位演说者准备充分，同时幻灯片又设计得非常吸引人，我会心存感激。相反，我（和你一样）最恨的就是那些浪费我们时间的演说了。

以我提倡的办法去设计幻灯片往往不会为你节省时间，反而可能耗时更多。但是，你为观众节省的时间却是巨大的！还是这个问题：难道我们只为自己节省时间吗？为别人节省时间难道就不重要了吗？若能为自己节省时间，我会很高兴。但若能为观众节省时间——不仅没有浪费他们的时间，而且还与他们分享了一些重要的观点——那么我会受到莫大的鼓舞，觉得所做一切都是有意义的。

只想节省自己时间的结果，通常是浪费了别人更多的时间。举例来说，如果我给200 名观众做了一个长达1 小时的毫无创意的“传统”演说，那就意味着我总共浪费了他们200 个小时！但是，如果我在设计幻灯片和准备演说的时候，多花了25 ~ 30 个小时来构思和设计，那么我将为他们带去有价值的、难忘的200 个小时！

软件公司通常大肆宣扬其产品能够帮助用户节省时间，能以更少的时间完成演说的准备等。如果不是为了节省观众的时间——他们会因为你的准备不足、设计不佳或演说无力而浪费时间——在准备阶段节省自己1个小时又有何意义呢？花少量的时间准备一件事确实很容易，但如果最后导致浪费了别人（和自己）的时间，以及一次很好的机会，那就得不偿失了。

本章要点

- 简约很重要，它能使内容更加清晰明了。但简约不等于简单，也不等于容易完成。
- 不是为我们自己而简化，而是为了观众更容易理解。
- 简约意味着需要小心剔除不重要的内容，达到删繁就简。
- 在设计幻灯片时，除了简约之外，还要精妙含蓄和雅致平衡。
- 优秀的设计作品有大量的留白，要做减法而不是加法。
- 简约之美是目标，但不要过于追求简化。平衡是其中的关键。

6

幻灯片形式设计：从方法到技巧

我在住友电气工业株式会社工作期间发现，日本的商业人士经常采用一种“具体问题具体分析”的方法讨论未来的方案或策略，为此我感到十分迷惑和不解。因为换了我会迅速地给出具体而绝对的方案，而不会“具体问题具体分析”。但后来我也了解到，背景、环境以及这种方法对于我的日本同事们而言有着举足轻重的作用。

如今，我在讨论演示应该采用哪些技巧和设计方案时，通常也会说“视特定情况而定”或“取决于具体时间和场合”。我过去总以为这种想法不好，总有搪塞、逃避问题之嫌。但现在我认识到了其重要性，觉得那其实是一个明智之举。如果不采取具体问题具体分析的方法，即不考虑地点、场合以及演示的内容等具体问题，那又如何去判断它们是否合适呢？好坏就更难评判了。设计这门艺术是不能一刀切的，在这一点上图形设计和科学研究一样。

尽管如此，在许多优秀的幻灯片设计中，我们还是能发现它们所共有的一般原则。那些设计的根本原则和理念能够帮助我们这样的普通人制作出效果更好的幻灯片。幻灯片的设计原则和技巧有很多，在我的另一本书《设计之禅》中有更详细的介绍。本章会集中谈一些重要的原则，并配合适当的实例加以说明。下面让我们看一下什么是设计。

关于幻灯片尺寸的提示

在讲解幻灯片设计的原则和技巧之前，我们有必要了解一下幻灯片的尺寸。当我们讨论幻灯片尺寸时，实际上是在讨论幻灯片画面的纵横比。现在大多数幻灯片设计软件都支持4：3或者16：9两种画面比例。类似方形画面的4：3比例也被称为“标准”比例，这是因为在宽屏电视普及之前，电视画面比例都是4：3的。现在我们的电视大多数都是16：9的画面了，也被称为“宽屏幕”。在你准备设计演示材料前，了解你将使用的投影屏幕的比例结构是非常重要的。现在大多数学校和公司的投影仪都是宽屏的，所以如果你知道要使用的是宽屏投影仪，那么就要把你的幻灯片尺寸设计成宽屏模式。如果需要用老式的投影仪进行呈现，那么就要对应把尺寸设计成4：3的画面比例。但是万一将来你需要使用16：9的新式投影仪进行呈现这个幻灯片，你的幻灯片的两侧就会有大块的白边。不过这也没有太大问题，你仍然可以使用这个幻灯片，只不过这个幻灯片看来不太职业而且有一些过时了。另外，如果你把16：9格式的幻灯片在4：3比例的老式投影仪上面播放，幻灯片的上下两侧会出现白边。当然如果教室或者会议室的屏幕可以调整，那你可以让下面的白边隐藏掉。

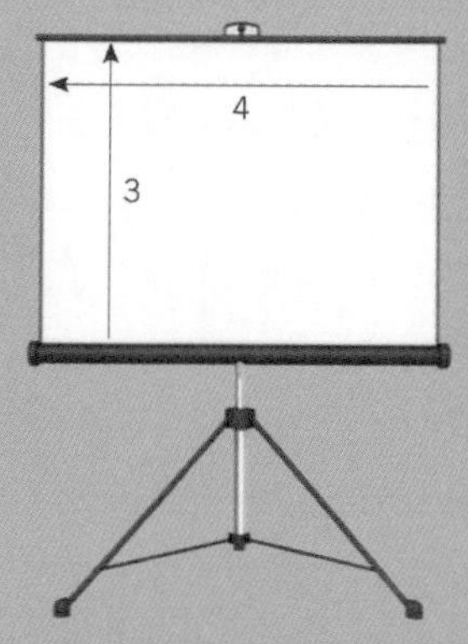

这种画面是4：3的比例结构。可以采用1024px×768px或者 800px×600px的屏幕分辨率进行幻灯片播放。

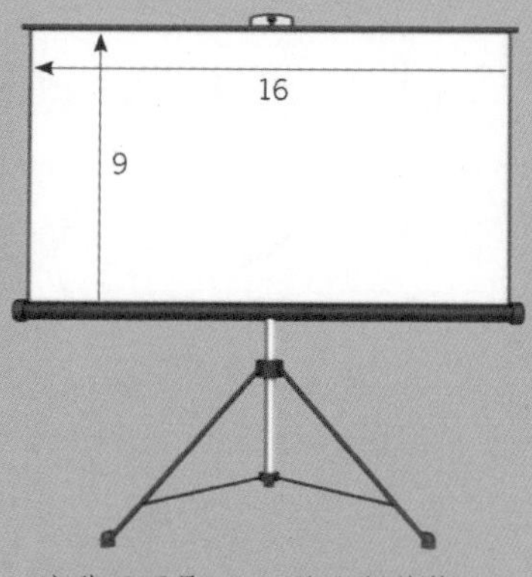

这种画面是16：9的比例结构。推荐采用1920px×1080px的屏幕分辨率进行幻灯片播放。

这是采用4：3的画面比例设计的幻灯片在老式投影仪以相同比例进行全屏播放的效果。

这是4：3画面的幻灯片在16：9投影仪上的播放效果。画面不会占满整个屏幕，两侧会留有醒目的白边。

这是采用16：9的画面比例设计的幻灯片在新式宽屏投影仪进行全屏播放的效果。这种显示比例可以播放宽屏视频，也可以直接播放手机中拍摄的照片。

这是宽屏幻灯片在4：3投影仪上的播放效果。为了适应屏幕，画面看起来比较小。

幻灯片设计原则

许多人错误地认为，设计是最后一步才要做的事情，比如蛋糕制作完成后，最后浇上一层糖霜并写上“生日快乐”的字样。但我所谓的设计并非如此。我以为，设计不是最后的事，而应在一开始就给予考虑。

设计是必不可少的步骤，它是一种组织信息的方法，使事物变得更加清晰，好的设计使观众或用户感到轻松，设计能帮助你说服他们。需要强调的是，设计不是装饰。设计，就是人们创造解决方案，来帮助或改善其他人的生活，通常具有深远的意义，但又总是以微不足道而不易被人察觉的方式进行。在设计时，我们要考虑到别人将会如何解读我们的设计方案和传递的信息。设计本身不是艺术，尽管设计中存在艺术。艺术家可以或多或少地跟随他们创意的悸动，来创造他们所想表达的东西。但是设计师处于商业环境之中。他们需要无时无刻地考虑终端用户，以及站在他们的立场思考，什么才是解决（或阻止）某些问题的最佳方案。艺术本身有好坏之分。好的艺术能够感动他人，以某种方式改变人们的生活。如果是这样，那么很棒。但是好的设计必须对人们的生活产生影响，哪怕这些影响看起来多么微不足道。好的设计能改变事物。

设计超出了美学，但是设计精良的事物，包括图画等能够体现高度的美感。设计得好的东西看上去很美。在设计领域，对于某个问题往往拥有不止一个解决方案。因此你要敢于探索，最终能找到最适合的解决方案。设计需要有意识地做出关于取舍的决定。

就幻灯片图画的设计而言，它们必须精确无误，但是还要能够感动和打动观众的内心。人们会迅速做出判断：这些事物是否吸引人，是否可信，是否专业或是否老套等。这是人们出于本能的反应，而这一点很重要。

在下面的几节中，我将向大家阐述有关设计的七项一般原则，它们无不对优秀幻灯片的设计有着巨大而积极的影响。前两个是信噪比原则和图效优势原则，虽然它们的概念比较宽泛和抽象，却对幻灯片的设计有着现实的指导意义。第三个留白原则能让我们以不同的眼光去看待幻灯片的设计问题，认识“空白”对表达内涵的有力作用。剩下的四个原则可以归纳为“四大基本原则”，分别是对比、重复、对齐和就近。罗宾·威廉姆斯（Robin Williams）在其畅销书《写给大家看的设计书》（*The Non-Designer's Design Book*）一书中反复强调，文档设计需要遵循上述“四大基本原则”。而我在下文中也会告诉大家如何把它们运用于幻灯片设计。下面，我们看一下信噪比原则以及它的应用。

一个精彩的演说并一定需要幻灯片进行辅助。在大多数情况下，视觉图像可以帮助你更有效地传递信息。因此，当你决定打开电脑，准备利用视觉素材来帮你完成一次精彩演说时，了解一些图形设计和视觉沟通的基础知识是非常重要的。

信噪比

信噪比（SNR）其实是一个专业术语，常见于无线电通信或电子通信领域。但信噪比蕴含的理念几乎可以被应用于各个领域，包括设计和通信等方面。就幻灯片设计而言，信噪比就是幻灯片上相关内容与无关内容的比率，而我们的目标就是使该比率达到最大值。过多的内容往往会造成认知上的理解困难。虽然我们拥有高效处理新事物或新信息的能力，但这种能力毕竟是有限度的。追求更高的信噪比则意味着减轻人们在认知上的负担，使他们感到更加轻松。在很多情况下，就算没有过多非实质性内容的视觉轰炸，要使观众真正理解幻灯片也不是一件容易的事情。

为使幻灯片中相关内容与无关内容的比率达到最大值，幻灯片的内容应力求清晰明了，还应尽可能避免使用削弱主题的内容。造成主题削弱的原因有很多，比如使用了不恰当的图表和模棱两可的标识，或错误地强调了线条、图形或符号标记等对主题起不到烘托作用的元素等。换言之，如果去掉幻灯片上的某些元素后不会妨碍人们理解，那么我们可以考虑把它们最小化，或者干脆不使用。举例来说，表格的边框要细，而且颜色要淡，或者干脆就不要边框。脚注或公司标识等最好也能去掉（如果公司同意）。

在《视觉解说》（*Visual Explanations*）一书中，作者爱德华·塔夫特（Edward Tufte）提到了与信噪比的概念一致的一条重要原则，称作“视觉特效差别最小化”原则，即“让元素视觉差别尽可能细微，但依然保证清晰和有效”。如果你能用更少的元素设计出幻灯片所要表达的内容，何必要多用呢?

后面3页是我给出的一些对比案例。未经修改的原始幻灯片在左侧，而应用了信噪比原则修改后的幻灯片在右侧。为了进行清晰的对比，我去除了幻灯片中的无关内容，弱化不重要的部分。在第3个和第4 个例子，我将原来的饼图换成了柱状图，后者看上去更一目了然。而在第1个例子中，我把柱状图改成了折线图，这样更可以看出随着时间而发生变化的趋势。在上述案例中，一个基本的原则就是简化不重要的内容，使得焦点更加清晰。

BEFORE

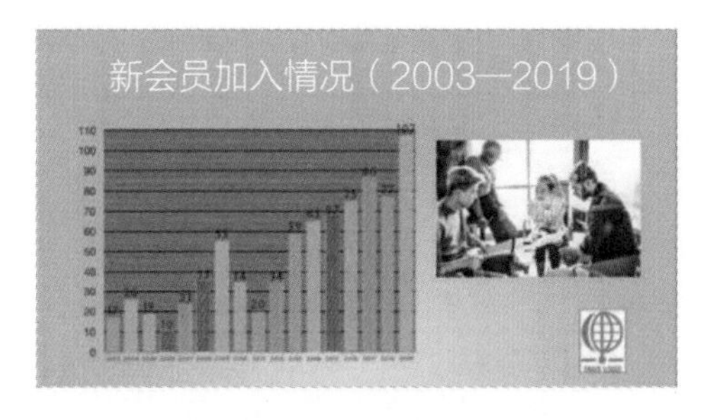

AFTER

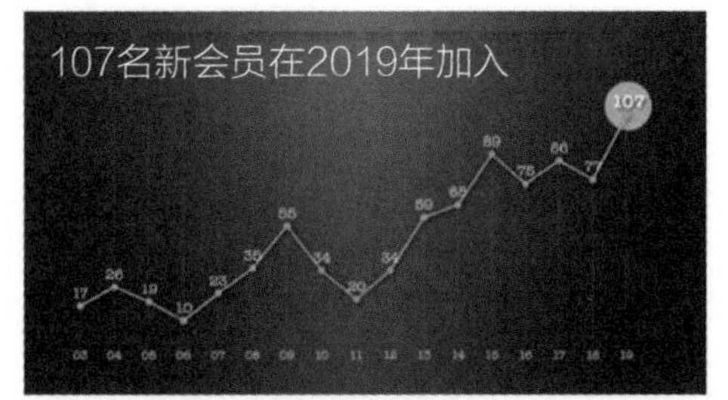

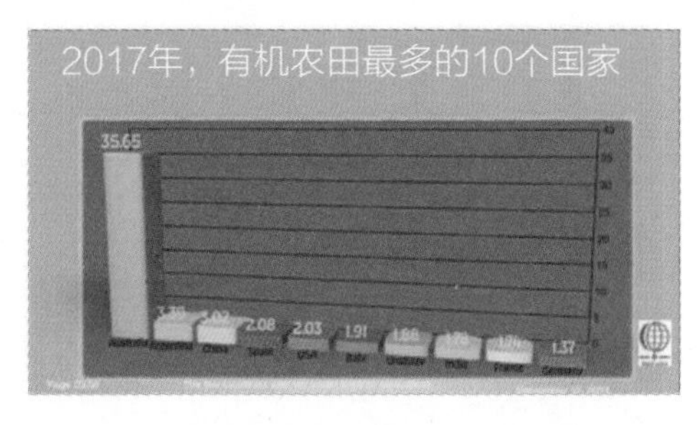

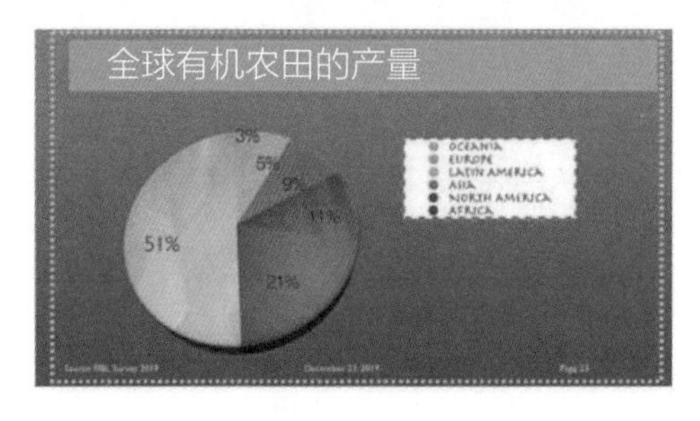

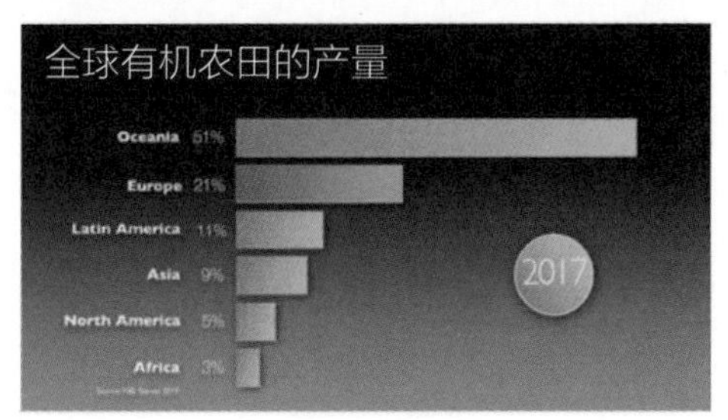

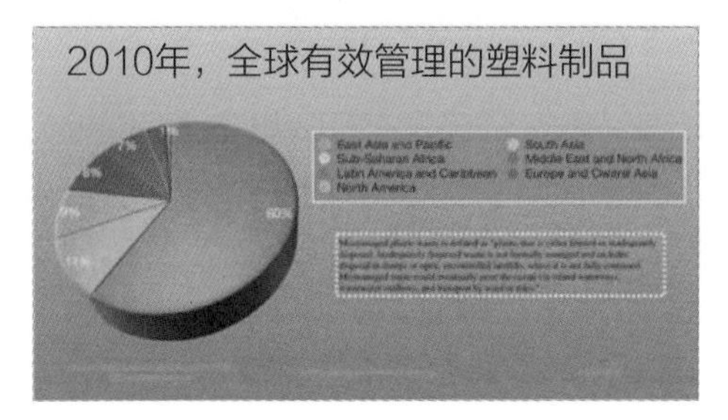

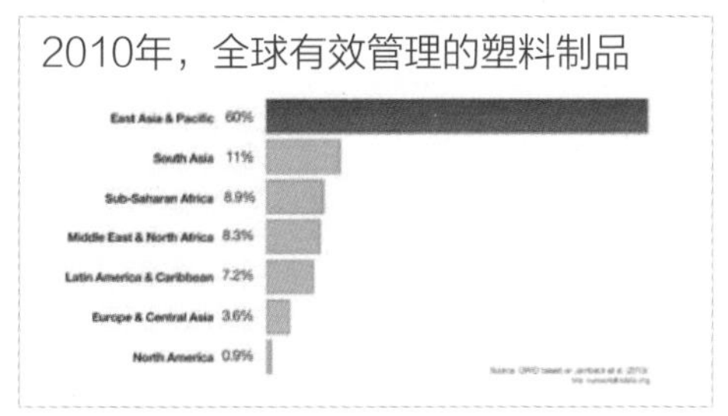

BEFORE ▼

AFTER ▼

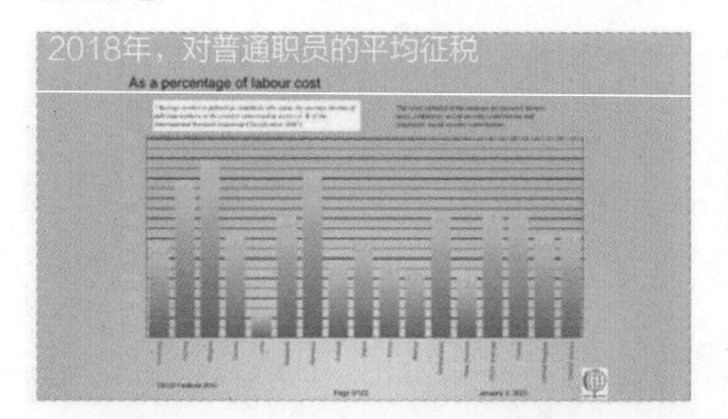

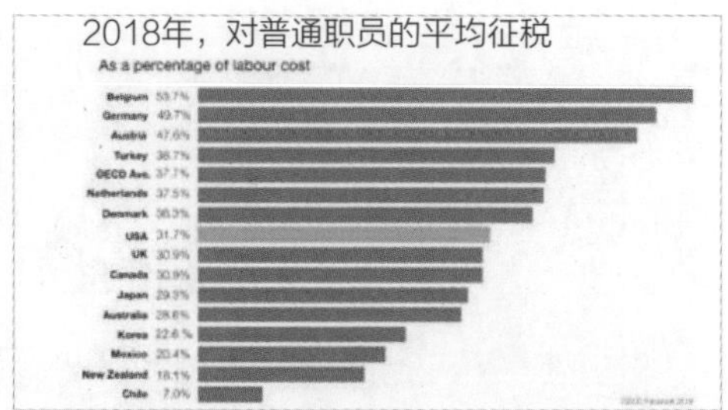

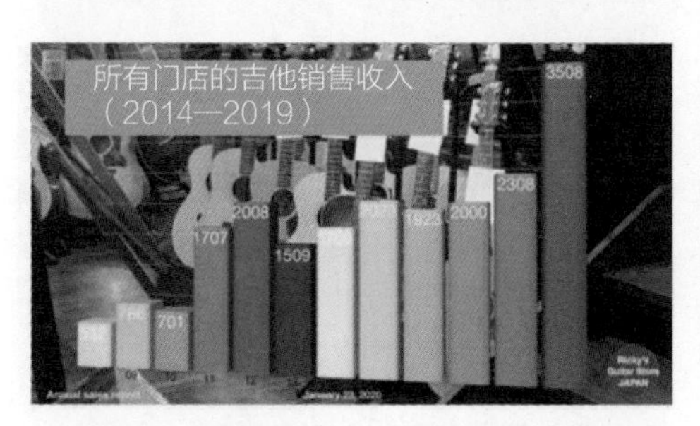

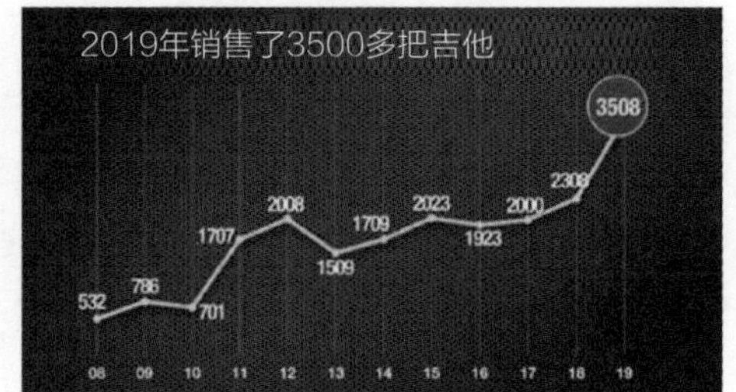

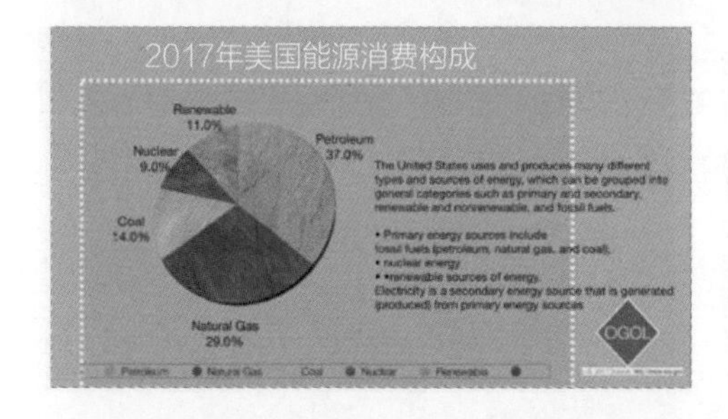

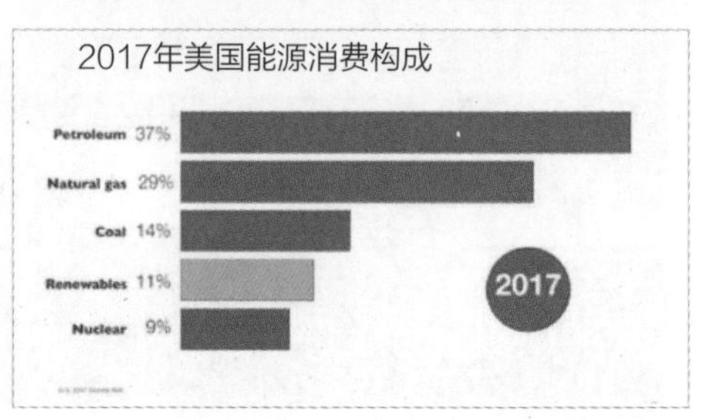

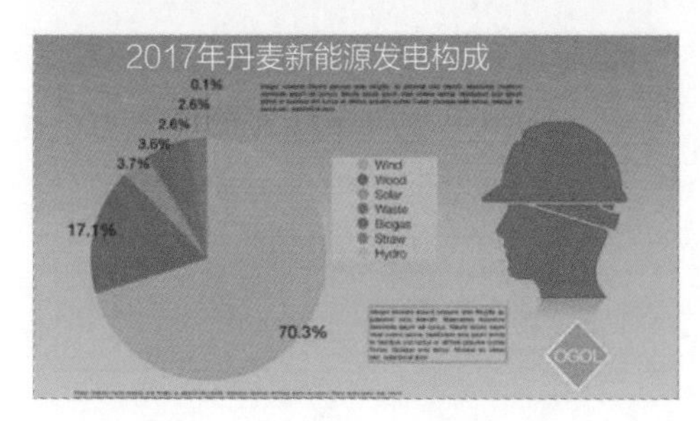

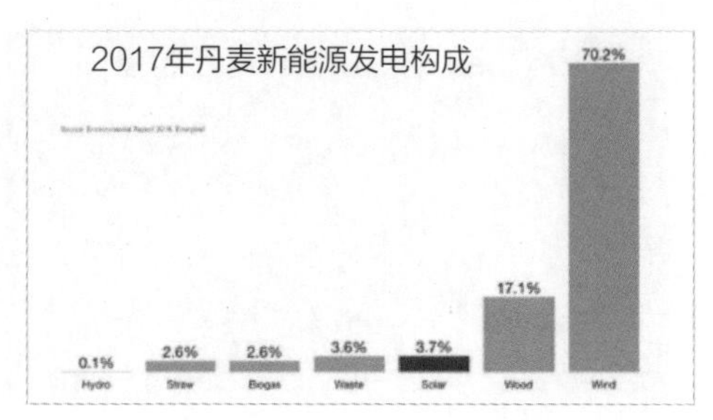

BEFORE

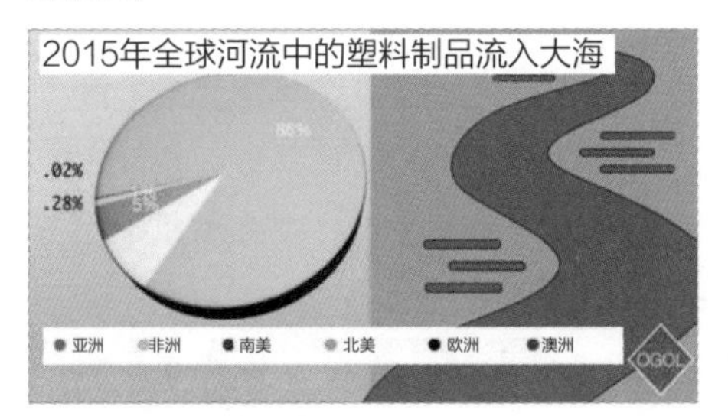

AFTER

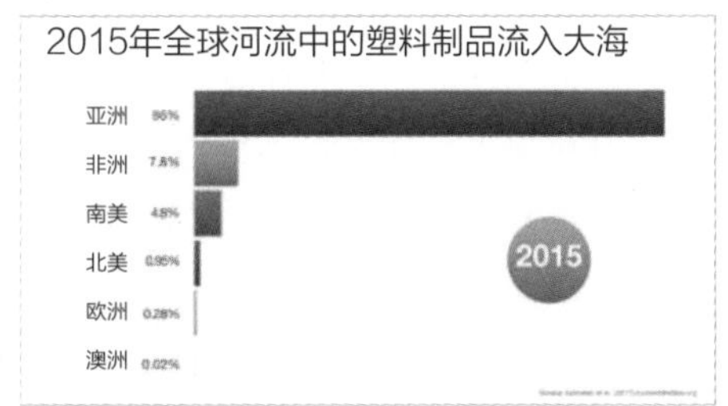

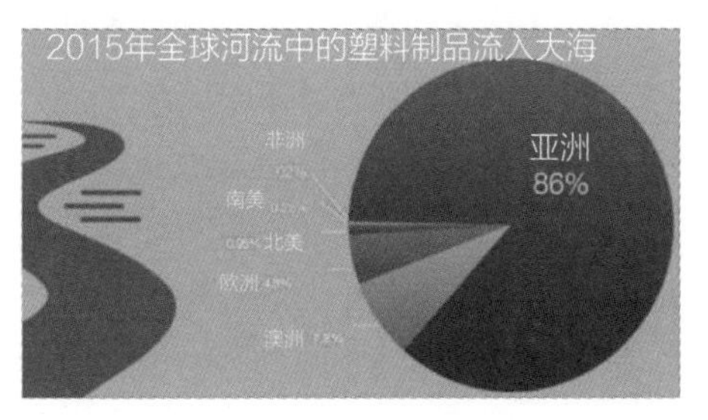

在原图中使用了3D饼图呈现数据，但是下面的图例说明使用了不同的颜色对应不同的地区，这使画面看起来非常杂乱。我觉得条形图让人看起来更清晰。当然你也可以使用2D饼图，不需要辅助图例说明，也可以快速理解。

BEFORE

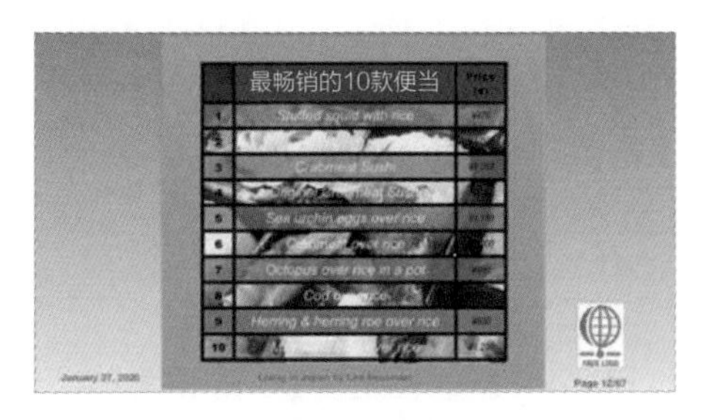

AFTER

通常情况下，我们在书面文档中使用图表。但如果图表足够大而且没有太多信息，那么在幻灯片中使用这种图表是不错的。在上面的案例中，幻灯片中有很多不必要的、修饰性的噪点，使这个图表难以阅读，而且看起来很乱。右侧的第1张幻灯片中去掉了图表的框线、颜色和背景，阅读起来更容易。在第2张幻灯片中，高速列车被用来烘托主题（便当是在火车站里面售卖的）。这种烘托增加了视觉吸引力，而且也没有干扰图表的阅读。

不重要的内容就是"噪声"吗

不必要的元素的确会降低幻灯片的设计效率，同时也会增加设计结果的不确定因素。但是，这是不是就意味着，我们要剔除所有不重要的内容而只保留本质内容呢？有人说最简单的方法就是最有效的方法。效率高本身并不一定就是一件好事，刻意追求高效也不是理想的途径。

当幻灯片的内容涉及数量信息（例如图表等）时，我极力赞成遵循信噪比最大化的原则，即无须使用其他任何修饰。虽然我在演说中会用到很多图片，但是在我展示某个图表时，幻灯片上一般除了图表本身再无其他无关的视觉要素。当然，你在柱状图下面插入图片作为背景的做法也不能说不好（只要对比度大，把数据突显出来就行），但我认为高信噪比的数据本身就是有说服力而且令人难忘的图片。

但是，有时你希望在一些幻灯片中加入某些元素以打动观众，激起他们情感上的共鸣。从表面上看，这似乎违背了信噪比最大化原则，或与"少就是多"的理念背道而驰，但不可否认的是，有时情感元素能够起到不可忽略的作用。尽管如此，你在设计幻灯片内容时仍需要十分小心，力求内容清晰明了。因此，关键还是一个平衡的问题。是否使用情感元素还得取决于不同的场合、观众以及演说的目的。最后，我想指出的是，信噪比最大化原则只是在设计时需要遵循的原则之一，同时还应兼顾其他设计原则。

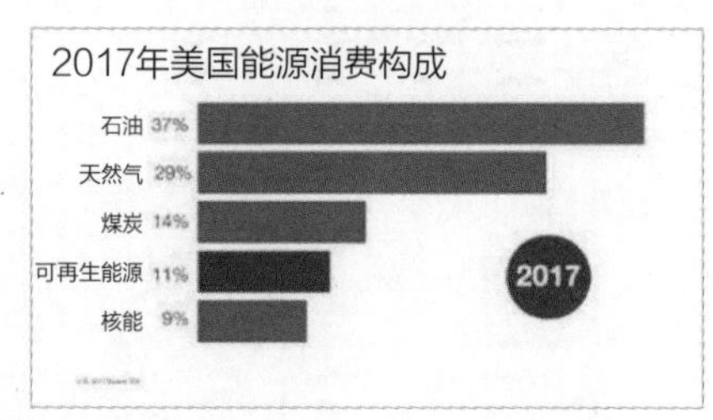

这张图表没有使用任何图片修饰，可以一目了然。年份和可再生能源部分被强调出来。

鉴于这个图表比较简单，可以增加图片。图片元素没有放到图表里面，但是突出了出题——拯救地球。新能源部分用绿色标识出来，也符合这个主题。

BEFORE

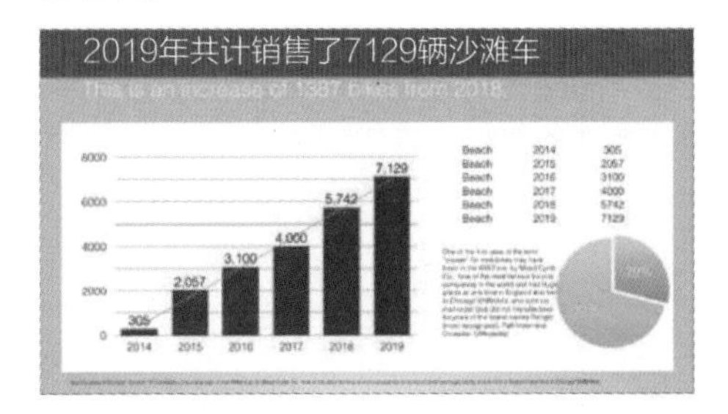

AFTER

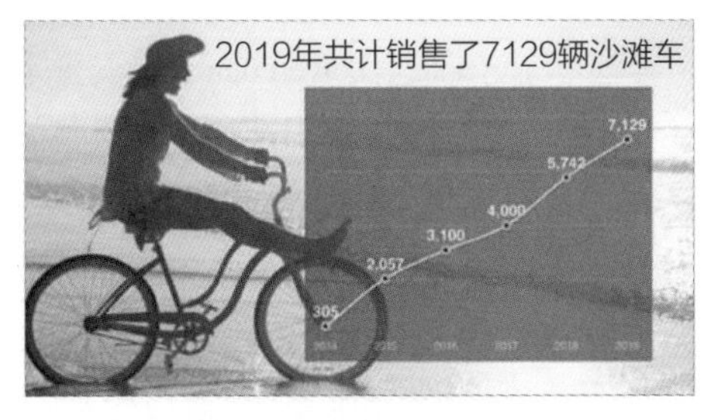

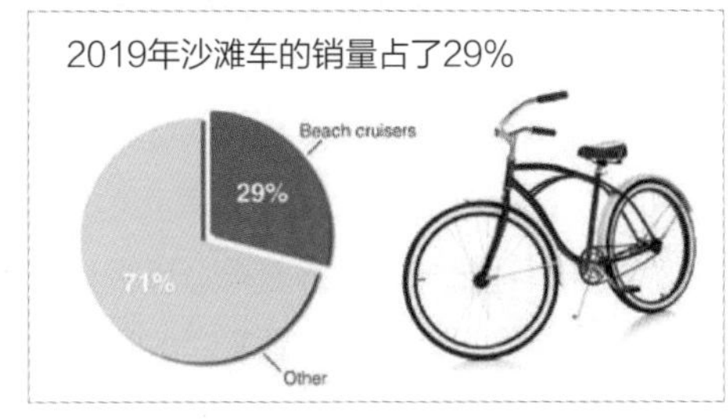

上图是现在很常见的图表，但是这张图片的噪点太多了。修改后可以使用带有感情元素的两张幻灯片来呈现相关信息。一张表示产品的销量，一张表示客户对产品的喜爱。

这种以文字为主的幻灯片也很常见，但是大段文字对于观众而言，不友好。其中用于表示老年人劳动力的变化趋势的饼图也不容易看懂。所以，我去掉了大部分文字，并把关键点写成两张幻灯片。相关图片可以烘托主题，增加情感因素，而且数据也更容易识别。

2D 还是3D ？这是个问题

Keynote 和PowerPoint 软件提供了不少实用功能，但是我对其中的3D 功能却很少用到。因为我认为，2D 的数据配合3D 的图表会显得画面不够简练。虽然不少人认为3D 的图表能够激起观众的兴趣，但对于含有图表的幻灯片画面来说，简约、整洁、平面才是设计的准绳。约翰・戴多・卢里（John Daido Loori）在《创意心法》（*The Zen of Creativity*）一书中谈到简约时说：“禅意美学所倡导的简约之美使我们更易关注事物的本质，而不是其他无关紧要的事物。”

什么是事物本质？什么又是无关紧要的事物？这些问题要由你自己去考虑。将二维数据以三维形式表现增加了塔夫特所说的墨水—数据比，即降低了信噪比。因此，选择2D 或者平面的幻灯片效果可能会更好。另外，3D 图表有时看起来不够精确，理解起来也困难重重。观众可能因为3D 的角度关系而无法看清相关坐标上的数据。如果你非要使用3D 图表，则应避免夸张的视觉角度。

下图中，左边的是使用3D 效果的幻灯片，3D 图形配以简单的2D 数字。右边的则是修改后的2D 效果。

AFTER

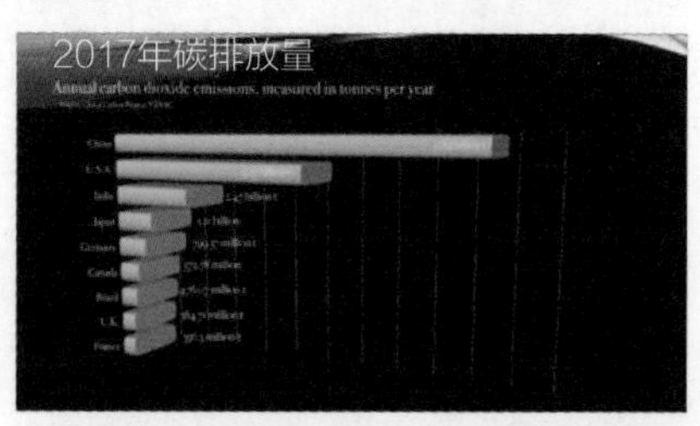

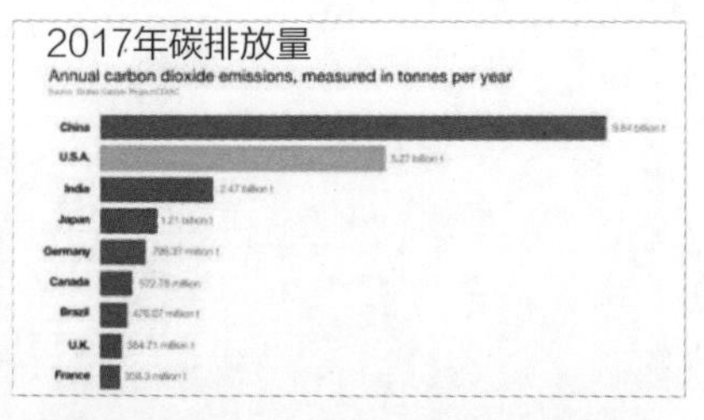

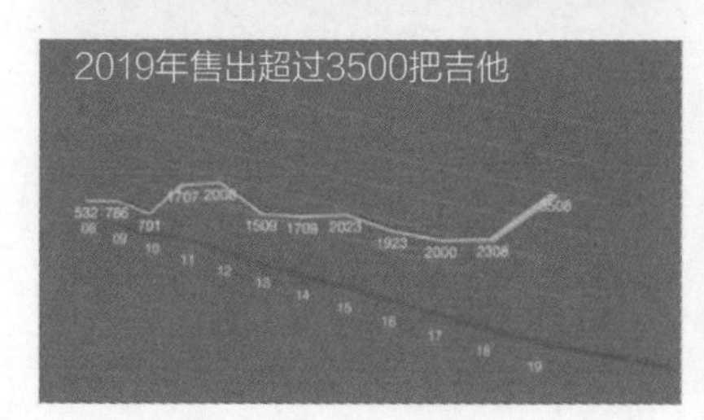

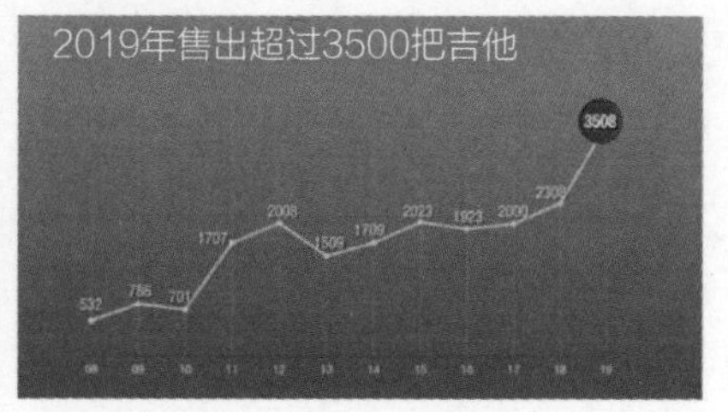

谁说公司标识应出现在每张幻灯片上?

如今，“品牌效应”成了最容易被滥用和误解的一个词。许多人认为，只要通过不断堆砌品牌商标，就能提高“品牌效应”。然而，品牌概念及品牌效应远不止商标或标识的堆砌那么简单。如果你为某个公司做演说，除了首末两张幻灯片，其他的幻灯片上不要出现这家公司的标识。如果真想让别人了解些什么并且能记住你，那就踏踏实实地把演说做好。公司标识对你的演说起不到半点帮助，更无法帮你阐述要点，相反它们会增加画面的“噪声”从而降低幻灯片的信噪比，同时还会使你的演说充斥着商业广告的味道。你在与人交谈时，难道张嘴闭嘴都要报一遍自己的姓名吗？你肯定不会这样，那为什么要在每张幻灯片上都摆放公司标识呢？

· 每张幻灯片上的空间本来就有限，就不要再塞进来一些诸如公司标识、商标或脚注的多余内容了。你为什么不能像下面的示列一样，只把公司的LOGO放在首页和最后一页呢？

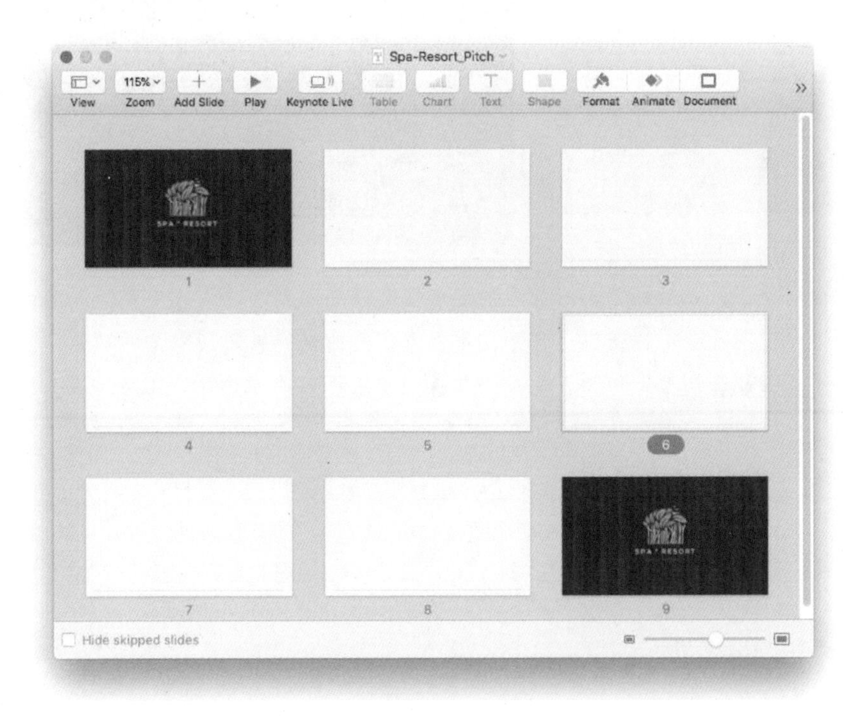

关于要点列表的一些经验

要点列表在幻灯片中的使用非常频繁，甚至成了一种传统。在某种意义上，要点列表的使用已经成为企业文化的一部分，人们已经习惯要点列表式的幻灯片设计。比如在日本，年轻的雇员一进企业，公司其他人就会提醒他，幻灯片上要尽量少用文字。这个建议听上去不错，不是吗？可是，他们言下的“少用文字”还是会包括六七行之多。他们认为，如果幻灯片上只有几个字（词）或压根找不到一个字，那这个人一定没有认真做准备。相反，如果上面堆满数据、文字和图表等内容，他们会认为这个人做事很“严谨”。至于观众能否看清幻灯片上的具体内容，或者执行董事会成员能否理解图表的含义等问题，他们就不在乎了。总之，在他们眼里，复杂的就是好的。

在我的书架上摆放着许多有关幻灯片制作方面的书籍，有英文书，也有日文书。上面无不提到使用“最少文字”的建议。许多书的作者认为，“最少文字”就是指5 ~ 8 行文字，还给出了所谓的“1-7-7 法则”。

1-7-7法则

- 每张幻灯片只能有1个中心思想
- 每张幻灯片最多插入7行文字
- 每行文字最多包含7个字（词）
- 问题：

这样有用吗？
这个方法真的好吗？
这样的幻灯片设计有效吗？
这张幻灯片上就有7行！

问题出现了：如果每张幻灯片上的内容都是以要点列表的形式出现，那这个演说一定不是一个好演说。偶尔使用要点列表的确能够起到总结的功效，便于观众理解和认识。但是，在现场演说中使用要点列表式幻灯片往往不会起到应有效果。

要点列表数目

尽量少用要点列表，或者考虑过所有其他表达方式后再用，这是幻灯片设计的一条重要法则。千万别受模板里某些默认格式影响。但列表也并非一无是处。比如，在你总结某新产品的重要特点或者某工艺的生产步骤时，要点列表这种表达方式就是很好的选择，清晰明了。因此，何时使用要点列表还应视演说内容、目的及观众而定。此外，如果每张幻灯片都是以要点列表的形式出现，那观众很快就会感到厌倦。因此，使用要点列表时需要格外小心。我并不是让你完全摈弃要点列表，但是实际上，真正需要用到要点列表的地方可以说非常少。

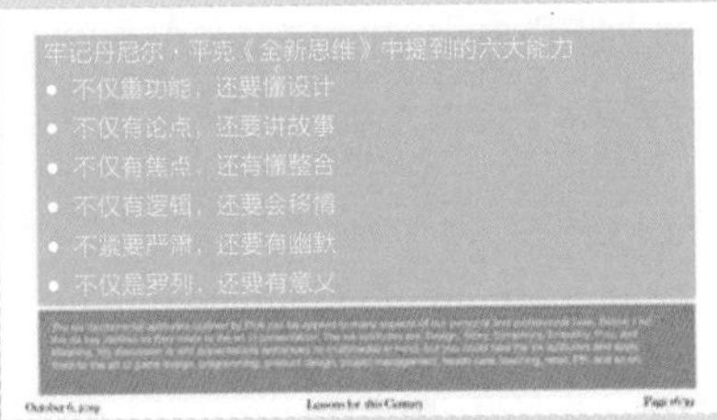

这是改动前的幻灯片。里面的论点来自丹尼尔·平克的《全新思维》一书。这和很多人做成的幻灯片相似，充斥太多文字。

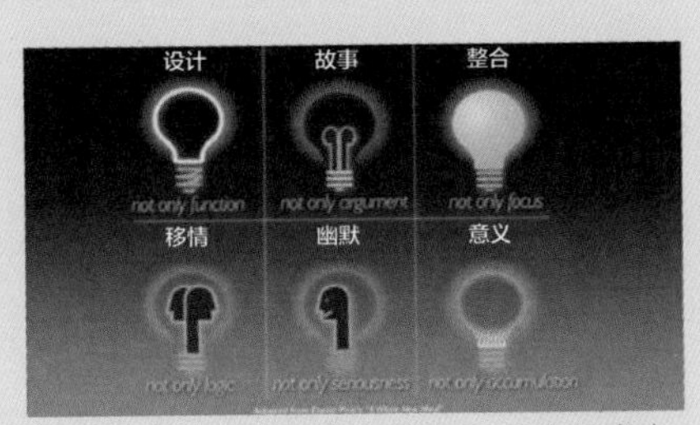

这是修改后的幻灯片。我加入了从思考与沟通主题中选择的图形元素

这是我根据内容重新设计的幻灯片，加入图片后，更有冲击力，也更能吸引观众。

这是将图片加工成相簿的感觉。更能切合"教育创新"的演说主题。

图效优势

图效优势，顾名思义就是指图片较文字更容易被人们记住。人们在较短或有限的时间里接受某些信息时，图效优势尤为明显。在接受图片和文字后非常短暂的一瞬间，两者的效果大致相同。但是，根据《设计的125条通用法则》（*Univeral Principles of Design*）一书中引用的研究报告表明，如果时间超过30秒，图效优势就开始发挥作用了。也就是说，相比文字而言，人们对图片的印象会更加深刻。该书的作者称："图效优势的运用能够帮助人们记忆关键信息。在为文字配图时，应确保它们之间的协调统一，以达到理想的效果。"当图片代表的是普通而且具体的事物时，画面才能达到最好效果。

你会发现，图效优势被广泛应用于营销传播方面，比如海报、布告（栏）板、宣传手册和年报等。你在设计图文并茂的幻灯片时，也应遵循图效优势的原则。图片可以作为强大的记忆工具，相比演说者的言语或文字而言，它们更容易在人们心中留下印记。

使用图片

图片的使用是人与人之间一种有效而且自然的交流方式。这里需要强调"自然"的问题。我们似乎生来就能理解图片，并通过使用图片的方式与人进行交流。早在孩提时代，我们就学会了通过画画表达自己的想法，其实那就是使用图片的表现方式之一。

2005年，亚历克西斯·杰拉德（Alexis Gerard）和鲍勃·戈德斯坦（Bob Goldstein）合著了《视觉效果：使用图片来提高生产力、加强决策力以及增加利润》（*Going Visual: Using Images to Enhance Productivity, Decision-Making and Profits*）一书。两位作者在书中鼓励人们使用图片讲述故事或佐证观点。他们提倡多用图片并不是因为这个方法很"酷"或迎合某种潮流的缘故，而是因为图片可以使人们增进交流、提升业务。比如要说明最近的一场火灾对产量造成的不良影响，你可以选择写出来或者仅仅是口头描述一下；但是，如果你使用灾后的照片并配以简练的文字，对于你的观众来说，岂不是更具有视觉冲击力，更令其印象深刻？

老年服饰市场伴随着婴儿潮一代人的老龄化而增长

要点式的文字罗列对于文档中的总结或者突出关键点也许是合适的。但是在现场演说中，利用图片工具更能吸引观众。在这个案例中，所有的要点都在原来的幻灯片中加以罗列。但是如何完成叙事并让人印象深刻，就需要用多张幻灯片来呈现。比如用图表来说明这个市场有多大，增长有多快。因此当你发现一张幻灯片上堆满了大量问题时，你需要问问自己，利用图表来呈现会不会效果更好。

KYOTOKU MARU 18号渔船

在宫城县气仙沼港口被平移了0.5英里

2011年3月11日，破坏力极强的海啸袭击了日本北部地区。在宫城县气仙沼港口，“Kyotoku Maru 18号渔船”被海啸平移了0.5英里。这艘船在那里停留了两年多的时间，让人们铭记海啸的惊人威力。经过激烈的争论，这艘船最终在2013年被报废。在上面的原图中，大量的文字虽然有助于人们了解事件的始末。但是，大量文字无助于让人们记住这场自然灾害，也没有办法让人们直观地了解海啸的强大威力。右侧的图片是海啸发生一年后，我在一段视频中所截取的静态画面。这是一个非常生动的例子，告诉我们图片等视觉元素在呈现时要远远好于屏幕上的大段文字。

利用图片进行对比是不错的办法。例如在这个案例中，通过前后不同时期图片的对比，说明环境和气候的变迁。阿尔·戈尔在他的演说和纪录片《难以忽视的真相》（*An Inconvenient Truth*）中运用了大量今昔对比的图片来说明气候的变迁。

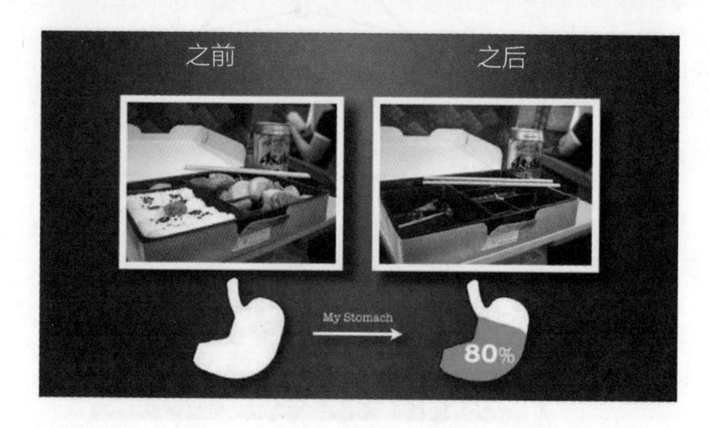

我曾答应给大家展示本书的创作灵感——那份便当的照片。对比手法很容易给人留下深刻印象。

问问自己，幻灯片上哪些文字内容可以用图片替代？做标签当然需要文字，但如果需要用幻灯片描述某些东西，图片效果无疑会更好。图片的作用强大、高效而且直接，容易使人留下深刻的印象。既然观众很难做到边看边听，那么为何幻灯片上的文字还要多于图片呢？这其中可能涉及历史的原因，过去没有如今这样发达的科技。图片的交流和传播一直以来都离不开科学技术的发展与进步。但现在大多数人都有了最基本的工具，比如数码照相机、图片编辑软件等，能够轻易地在幻灯片中加入图片。

所以，再也找不到任何借口了。问题的关键还是在于如何看待演说。你是将它看作和电影（图片配叙述）以及漫画（图片配文字）等类似的创作行为呢？还是类似简单的书面文件呢？如今的演说与纪实电影有着越来越多的共性，早已不是单纯地播放幻灯片那么简单。

我在下文会向大家展示一些采用不同视觉方法制作而成的幻灯片，它们表述的是同一个观点，内容和日本的性别与劳动力问题有关。幻灯片的目的是说明“在日本，有70%的兼职工作者是女性”，这个数字由日本厚生劳动省提供。演说者希望随着演说的进行，观众能将这个数字记在心里。因此，按照这些要求我设计了以下幻灯片，使得幻灯片更加精致、简约，并令人印象深刻。

这是最初设计的幻灯片样式，问题在于剪贴画没有对数字起到烘托作用，也与“日本女性劳力市场”的主题无关。此外，模板老套，文字难以辨识。

这张幻灯片的文字易读，剪贴画也似乎更切题。但是画面效果一般，显得不够专业。

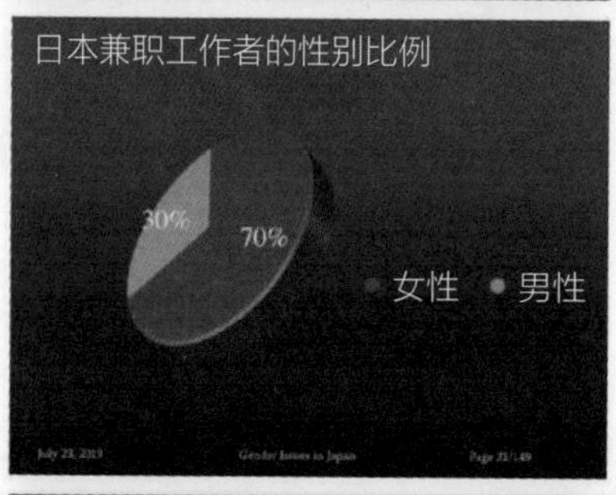

这张图尝试着用饼图展示同样的信息。但问题是图表很普通，3D效果没有增加可读性。

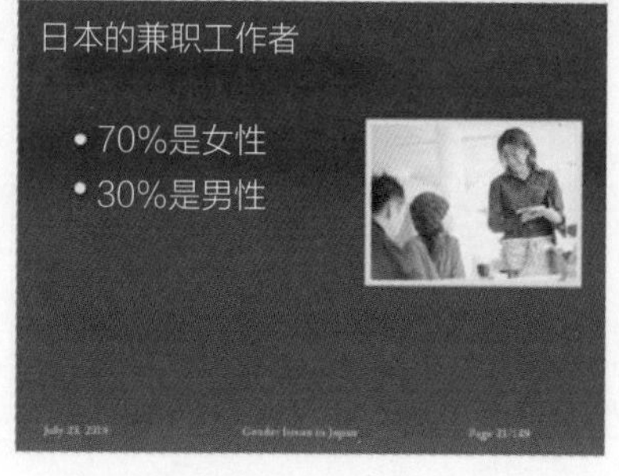

幻灯片上的两行要点清晰易读，选用的以女性为主体的图片显示了正确的思路，但仍有提高的余地。

上面4张幻灯片所要表达的都是同一思想，只是各自的处理手段不同罢了。“日本”一词被从幻灯片中删除，因为这在现在演讲中的语境很明显。与前面那些过时的幻灯片相比，这些幻灯片的视觉冲击力更强，也更能烘托主题。

左下方的那张是最终被采纳的幻灯片样式。整套幻灯片使用了风格一致的图片，以达到视觉效果上的统一。

把它放大，填满屏幕

演讲者经常使用太小的图片，让观众很难看到内容，从而减小了图片对演讲的影响力。现场演讲时所用的幻灯片更像是路标或广告牌,它们：（1）必须能吸引观众的注意；（2）内容必须高度可视和容易理解；（3）视觉信息（图片、图像等）应该帮助观众记住听到的内容。因此，我建议在设计幻灯片时要考虑用一些大而容易看到的元素，包括使用大字体。一种实现电影般幻灯片的方法是，把图像填满屏幕。全屏图像给人一种实际画面更大的错觉。与电影屏幕一样，你的演示屏幕就好比是进入另一个空间的窗口。如果你的设计元素始终不大，并保持在屏幕之中，那么你的窗口看起来会显得更小，更没有吸引力。

另一种有效的方法是使视觉元素"跑出"屏幕。我们的大脑会自然地填补空白，或填补屏幕外所缺失的部分。例如，如果你有一张地球的图像，将它的一部分放置在屏幕上，留下大部分在屏幕外，这时你的观众会下意识地填补图像中缺失的部分。这使得图像更加震撼，从而吸引观众的注意。

地球的一部分虽然"跑出"了屏幕，但你的大脑可想象其余的图像部分，从而使幻灯片看上去更大，仿佛打开了一扇窗，可以看到另一个地方。

修改前 ▽

这张幻灯片中的图片可能会引导你的眼睛沿着路径看，但当它碰到幻灯片背景时，你的目光基本上会停在突兀的图像边缘。

在这张幻灯片中，建筑本身的庞大和雄伟之势荡然无存，因为对于这样一座建筑，演讲者使用的图片太小了，浪费了大部分的屏幕。

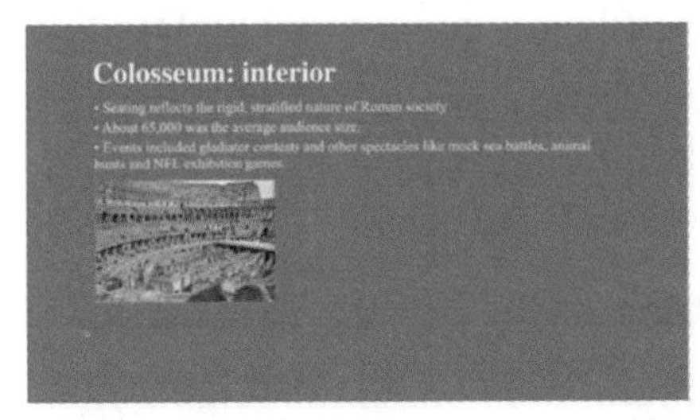

以一张小图片和几行文字为特点，这种幻灯片在学术界中并不罕见。即便如此，观众也不会产生太大兴趣。此外，微小的视觉效果也与宏伟的罗马斗兽场非常不相称。

修改后 ▽

现在，图片填满了屏幕，使其看起来更像是进入另一个地方的窗口。伴随全屏显示的，感觉就像路径会继续走出屏幕，而不是仅仅停留在幻灯片背景上的图片本身。

现在，我们不仅可以看到图像中的一些细节，还可以感受到建筑的尺寸（注意，与建筑相比，远处人们显得相对较小）。像这种全屏图片会使屏幕看起来比实际更大。

原始图片可以足够大到填满整个屏幕，那为什么不全屏显示呢？为什么不让观众更清晰地看到比例和细节呢？屏幕上的文字会由演讲者说，而不是由观众自己去阅读。

字体：衬线字体（serif）,无衬线字体（sans serif）和粗衬线字体（slab serif）

区分字体的基本方法之一是看字母和其他字符中是否存在衬线。衬线是构成字母和符号的笔画末端的小线条或笔画。sans是“没有”的意思，所以sans serif就是无衬线字体。无衬线字体通常是广告牌和我们周围看到的大量标识的首选字体样式。类似地，无衬线字体最适合用于投影幻灯片，尽管这是概括而言。也有例外，比如粗衬线字体Rockwell，它有非常粗的块状衬线，也可以成为一个优秀的幻灯片字体。对更大尺寸的幻灯片而言，甚至是Garamond和类似的衬线字体也可以显示清晰。记住一点，你应该创建足够大的字体，以便观众在瞬间就能很容易地理解含义/抓住要点/解析内容。

当你在幻灯片中增加字体大小时，字母之间的间距可能也会变大，但是可以使用幻灯片软件来减少字符间距，使字体看起来更紧凑。在大尺寸的字体中，行与行之间的间距看起来似乎也有点大。但是，在软件的格式设置中很容易进行调整。下面是一些衬线字体（serif）、无衬线字体（sans serif）和粗衬线字体（slab serif）字体的范例。

SERIF

This is an example of a serif typeface.

This is an example of a serif typeface.

上面的幻灯片使用了一种叫作Garamond Regular的衬线字体。中间的幻灯片对字体进行了加粗，并缩小了字符间距和行间距。底部幻灯片展示了上述字体在实际幻灯中的显示效果。

SANS SERIF

This is an example of a sans serif typeface.

This is an example of a sans serif typeface.

这里用的是无衬线字体Helvetica Neue。上面幻灯片的字体以正常字符间距显示。中间幻灯片的字体大小相同，但进行了加粗，同时缩小了字符间距以及行间距。

SLAB SERIF

This is an example of a slab serif typeface.

This is an example of a slab serif typeface.

上面的幻灯片，使用的是正常字符间距显示的名为Rockwell的粗衬线字体。中间幻灯片的字体是加粗以及缩小字符间距和行间距后的显示效果。

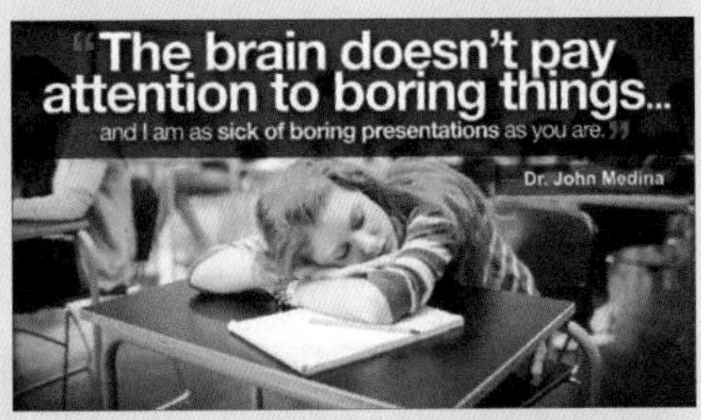

上面的4张幻灯片使用了衬线字体。正如你所看到的，使用衬线字体没有任何问题，只要字体足够大，并且调整到合适的字符间距和行间距。就我个人而言——这在某种程度上只是品味的问题——我更喜欢右边的幻灯片，因为幻灯片的字体更能突显图像，而且与每张幻灯片的内容显得更加协调。

最上面的两张幻灯片使用了一种叫作Helvetica的无衬线字体。Helvetica字体无处不在，它显示整洁，用途广泛。由于缺乏强大的个性，使它与背景图像更加和谐配合。最下面的两张幻灯片使用的是被称为American Typewriter粗衬线字体。我觉得老式打字机似的字体更适合下面两张幻灯片的主题。

本页或本书中引用的所有幻灯片，单独一张来看都没有意义，必须得有上下文才能解释。在上面的幻灯片中，这碗米饭首先引起了你的注意，因为它是屏幕上最大、最直观的东西，但随后你可以快速理解旁边文字所表达的关键信息。

因为碗的一部分在幻灯片以外未显示，整个屏幕看起来感觉比实际更大，图片把观众带入设计。这些碗加强了关键信息，而照片本身的构图也为旁边添加大而易识别的字体内容留下了充足的空间。

在本例中，图像作为一个带框的照片被呈现在面前，并被放置在幻灯片的右三分之一处。文字部分很容易被放在左边三分之二的地方，同时还留有足够的空间。字体的颜色和整个演示的背景都直接取自“三文鱼餐”的照片。这有助于给这套幻灯片带来微妙和谐的感觉。

颜色主题在这张幻灯片中得以延续。在这里，三文鱼以寿司的方式呈现。请注意筷子的一部分被摆在了幻灯片的外面。这是观众无法下意识注意到的，但允许图像延伸至框外，会使设计更加动态和引人注目。

这是一个简单，干净的布图——黑色的Helvetica字体搭配了白色的背景。图片增强了信息，是一个模拟工具的范例。为了获得笔记本的图片，我把它放在靠近窗户的一张大白纸上拍摄，以获得最好的光源。

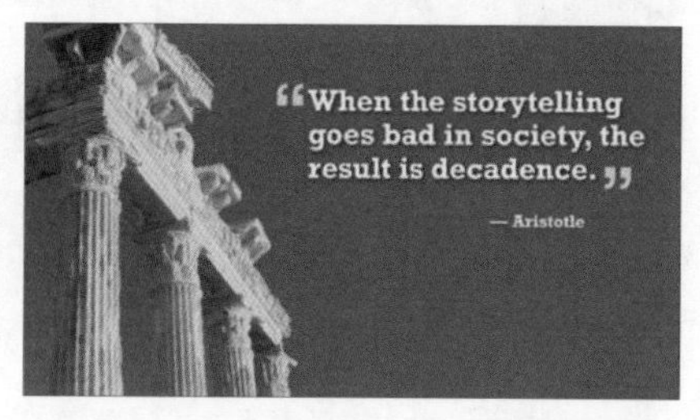

你可能首先注意到这些柱子，然后快速转向文字部分。字体简单而大，并留有足够的空间。引号的颜色从柱子的图像中提取而来，使文字与图片遥相呼应。

引用

我之前已经提过，在幻灯片上添加要点列表的做法基本起不到好效果。但是，引用别人的言论却是一个不错的方法。根据不同的演说主题，我会引用相应领域著名人士的语句，以佐证我的观点。我的经验是，言不宜多，且要言之有物。

许多年前，我在硅谷认识了汤姆·彼得斯，认识不久我便高兴地发现他特别喜欢引用别人的话，作家、专家、行业领袖等人士的话，他都可以信手拈来。他表示，在演说中引述的那些语句都具有重要的意义。他曾在个人网站上发表了《56条演说技巧》（*Presentation Excellence 56*）一文，其中的第18条，谈到了他为何热衷在幻灯片中引用别人的话：

> “引用别人的话，会增加自己观点的可信度。比如，我在谈及激进或极端主义时，可能说一句‘我们做事要极端’就完了。但是，掌管着市值达1500亿美元的通用电气总裁杰克·韦尔奇（John Welch）曾说过，‘我们不能太理性、太沉着，相反要做一个极端主义者。’如果我引用了他的这句话，那么我的极端主义论立刻便就得到了他这个‘真正的经营者’的认同。毕竟，他在很大程度上佐证了我的观点。我发现，人们往往不满足于演说者自己说的话，他们还希望见到支持某个观点的具体实例，其中就包括知名人士所说过的话。”

引用他人的话确实能够提高故事的可信度，它的作用就像一块跳板，帮助你进入下一个话题或者论证你的观点。记住，引用的话一定要短小精悍，大篇幅的引用只会让观众厌倦。

图文并茂

我在幻灯片中所引用的语句大多是直接摘自书籍或个人访谈。在我读过的书里常常夹着不少便签，有些地方还标上评语或记号。虽然看上去很凌乱，但那样对我制作幻灯片时快速锁定内容大有帮助。

我在引用他人的话时，有时也会加入图片以增加画面效果，从而调动观众的情感。但是，我通常选择大图而不是小图来作为幻灯片的背景，然后在图中的适当位置插入必要的文字。因此，我必须保证图片的分辨率至少与幻灯片的大小相当，而且这些图片上要有足够空间让我插入文字。

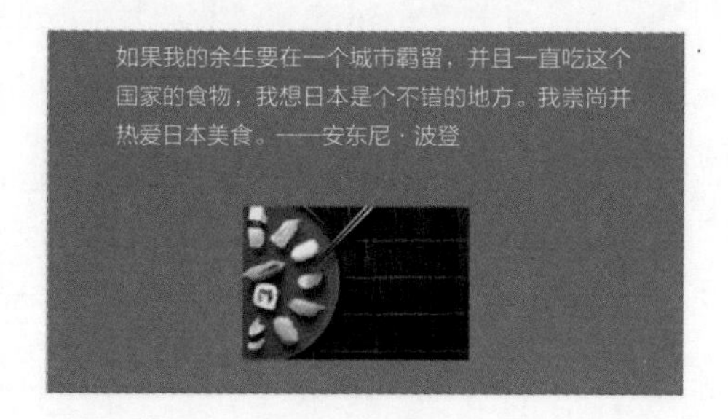

这一页上的两张幻灯片设计在现实中十分常见，演说者往往选择在引用的文字旁边插入一幅小图。而下一页的两张幻灯片则是在背景图片上直接插入引用内容，你可以发现同样的引用内容展示在更大尺寸的图片上给人耳目一新的感觉。

我们不是因为变老而停止玩乐，
而是因为停止玩乐而变老。
——乔治·伯纳德·萧

如果我的余生要在一个城市羁
留，并且一直吃这个国家的食物，
我想日本是个不错的地方。我崇尚
并热爱日本美食。
——安东尼·波登

文字部分被置于白色背景上，达到了便签纸的效果。这样，文字就从背景中突显出来，更便于阅读，也更有质感。

在这里，添加了引文作者的照片，使得文字部分生动了起来。注意，冈仓先生的目光是朝向引文部分的。

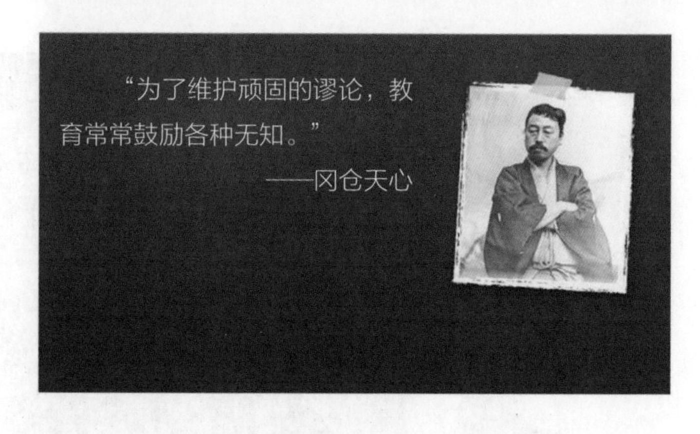

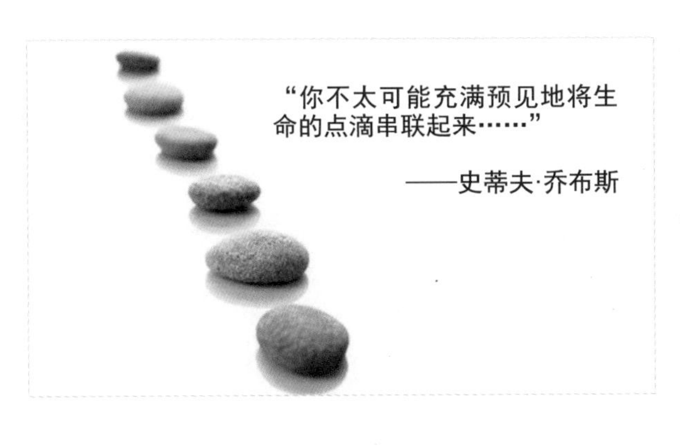

“只有在回头看的时候，你才会发现这些点点滴滴之间的联系。所以，你要坚信，你现在所经历的，必将在你的未来串联起来。你不得不相信某些东西，直觉、命运、生活因缘际会……正是这种信仰让我没有失去希望，它使得我的人生变得与众不同。”

——史蒂夫·乔布斯

乔布斯的这段话用两张幻灯片呈现。第2张幻灯片上的文字很长，不过关键的词语用红色突出显示了。你或许不想像这样使用长引语和过多的图片。但是，如果在演说中时不时要引用这些话而不是一笔带过，长引语对于设定上下文场景还是很有帮助的。注意，字号要足够大，即使坐在房间的最后面也能看得清。尽管大多数人不大会仔细读屏幕上的文字而是听你演说，但是字号太小，会让观众感觉很不舒服。

创造双语的画面

在一张幻灯片上体现多种语言不失为有效的做法——前提是各自的文字大小应有区别：一种语言文字应在视觉上附属于另一种语言文字。当我在日本进行演说时，日文就要比英文的字体更大。如果我用英语进行演讲，则英文字体更大一些。如果两种文字的字体大小相同，就会给人们造成视觉上的不协调，仿佛两者在互相竞争以夺人眼球一样。公共交通指示牌和广告中经常能见到双语的案例。通常的做法是，我们要把幻灯片上的文字尽可能精简，如果要使用双语，就必须格外注意控制字数。以下是我在演说中用过的一些案例。

在公共交通和广告标识中，将某一种语言置于主导的位置使之易于识别，是很常见的做法。

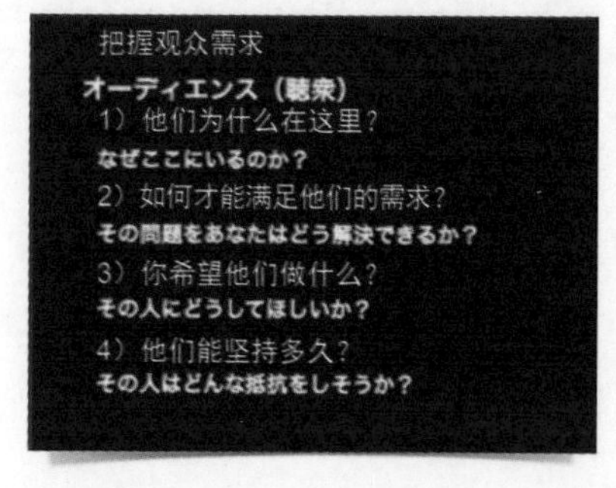

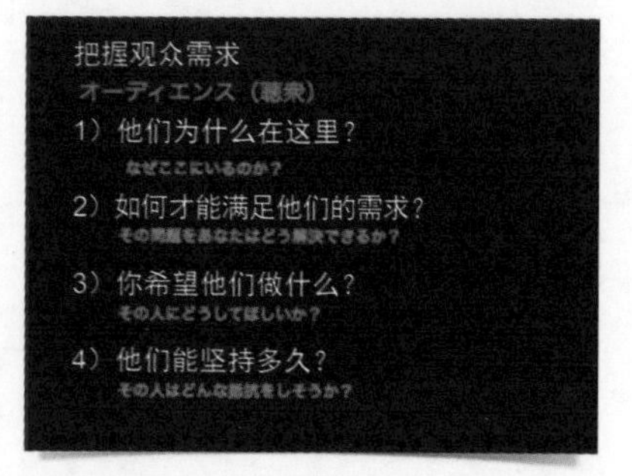

在左边这个例子中，中文和日文的大小和颜色比较相近（而不易识别）。而在右边的例子中，日文被放在了次要位置，从而更加突出中文。这两个例子中，哪一个的文字更容易识别呢？

故事对人的吸引力好比飞蛾扑火一样

在沙地上，你能把大部分想法都完美地勾画出来
ほとんどのアイデアは砂浜と棒さえあれば
表現することができる。

东京大约有1740个无家可归的人
東京には1740人以上のホームレスがいる

7800万人没有安全的饮用水

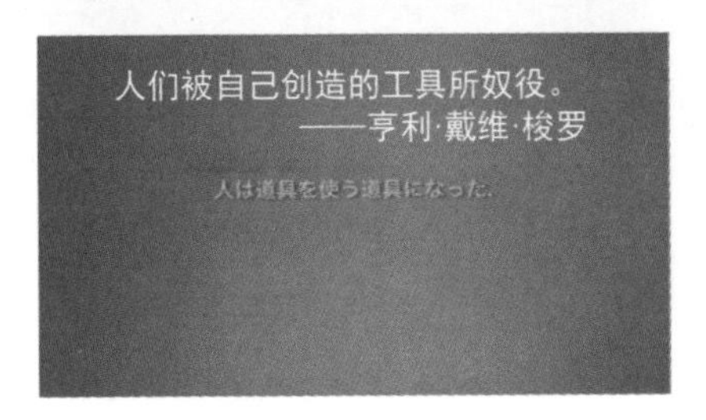
人们被自己创造的工具所奴役。
——亨利·戴维·梭罗
人は道具を使う道具になった。

Make it Big!
足够放大

人们误以为“空”即一无所有，它实则蕴藏着无限可能。

——铃木大拙（Daisetz Suzuki）

留白

留白（也叫空白或消极空间）的概念十分简单，但真正应用起来却很难。人们在设计文档或幻灯片时，总抑制不住地想在留白处填充更多元素。如今，职场人士设计幻灯片时犯的最大错误就是，不留一点空白部分，在每张幻灯片上塞满文字、图框、剪贴画、图表、脚注，以及恼人的公司标识。

留白意味着简约与精致。图形设计中需要运用留白，室内装潢也是如此。不难发现，高端品牌店的内部空间经常被设计得尽可能开放，这是因为留出的空间能够为顾客营造出高品质、成熟、尊贵的氛围。

留白是带有目的性的。设计新手可能只会关注文字、图形等“积极”元素，而忽视运用留白使设计作品达到夺人眼球的效果。要知道，恰恰是留白赋予了“积极元素”呼吸的空间，营造出浓烈的艺术氛围。从表面上看，在幻灯片上运用留白是一种空间的浪费。但是，留白并不等同于空白和一无所有，它实则蕴藏着无限可能与惊人力量。

禅宗艺术推崇空的修行和运用。比如一幅画上除了两三个元素之外，剩下全是留白部分，但那些元素以及留白部分的微妙位置关系传达了强而有力的信息。日本许多室内设计也是同样的原理，房间内除了榻榻米等必备的传统家居，其余就是空地。正是这样的设计才使得人们能够更好地欣赏室内美好的物品，比如插花或壁画等。可以说，留白本身就是一种强有力的设计元素，而其他元素太多反而容易冲淡其微妙的设计效果。

用好留白

本页上方蓝色的幻灯片是如今典型的设计样式：数行要点加上一幅与主题相关的图片。上面几乎没有空白部分，图片也挤在文字旁边，给人拥挤的感觉。同样地，我也设计了6张幻灯片，旨在介绍“八分饱”思想。由于没有必要把所说的内容全都显示在幻灯片上，我把许多文字也一并省去。最后，6张幻灯片都以干净整洁的白底图片作为背景，并且留有足够的空白插入文字，以吸引观众的目光。当他们乍然看到幻灯片时，首先映入眼帘的就是图片（因为尺寸更大，色彩更艳丽），然后目光便会自然地转移至旁边的文字。

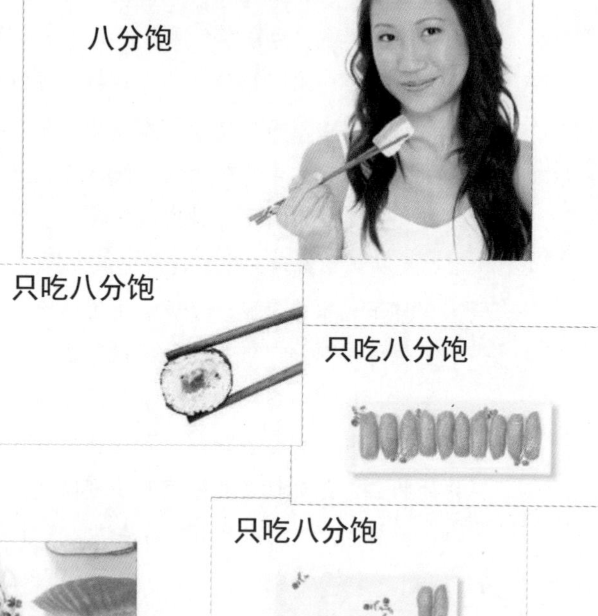

正确使用人脸来吸引观众的注意力

我们对人的面孔十分敏感，甚至能够在根本不存在的地方发现人脸（的形状）。这是一件非常神奇的事情。事实上，卡尔·萨根（Carl Sagan）说："作为一个被人疏忽的副作用，我们大脑的模式识别系统十分高效，能够从一大堆细节中提取人脸的形状，导致有时候我们能够在根本不存在人脸的地方发现人脸的形状。"这就解释了为什么人们能在奶酪三明治中发现特蕾莎修女的面孔，以及在火星上发现人脸的形状。面孔——以及那些与面孔相似的东西容易吸引我们的注意力。图形设计师和市场营销人员十分清楚地知道这个道理，这也是为什么你总能在各种形式的营销传播中发现人物的面孔。

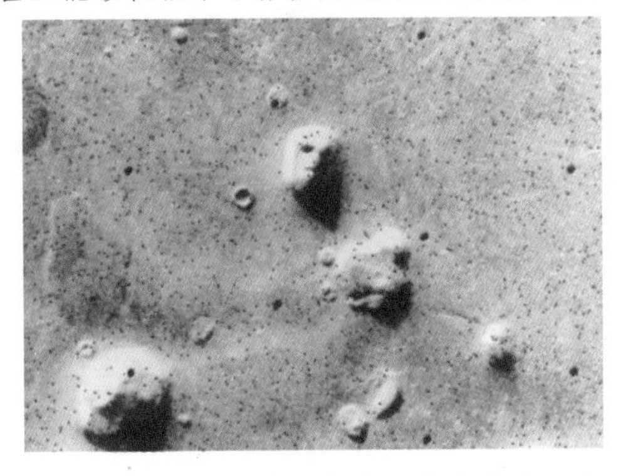

我们倾向于跟随他人目光的方向看。我注意到即便是襁褓中的女儿也会跟着往我看的方向看去，这种倾向性的行为在孩童时代就已形成。

使用与面孔有关的图片——即使没有人脸，能够有效地吸引观众的注意力。杂志、海报和广告牌等媒介尤其能够反映这点，这个理念同样可以被用于多媒体幻灯片演示。由于人脸具有吸引人注意力的功能，它们必须要有方向。人脸和目光的朝向是需要考虑的一个重要问题。例如，下面两张图来自詹姆士·布里兹（James Breeze）的一项研究，他使用一种称为"注意力捕捉"的软件来判断图片中婴儿目光的方向是如何影响观测者的目光和注意力的。丝毫也不奇怪，位于婴儿所视方向的文字获得了人们更多的注意力。

是否在幻灯片中插入人物或动物的图片完全取决于你，因为话题和语境因时而异。但是，如果你选择了这样做，那么请注意，人物或动物面孔朝向的方向能够吸引人们更多的注意力。

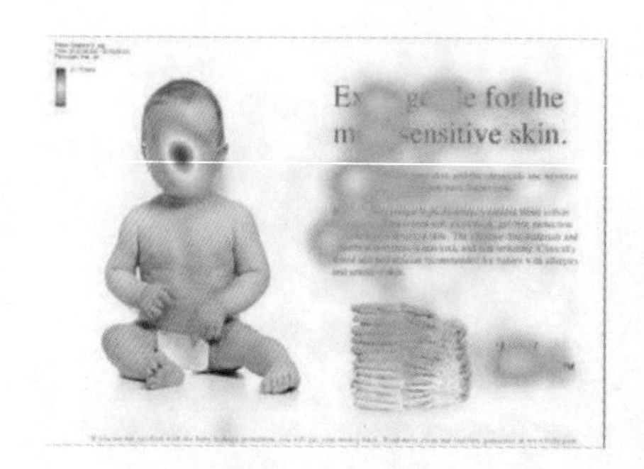

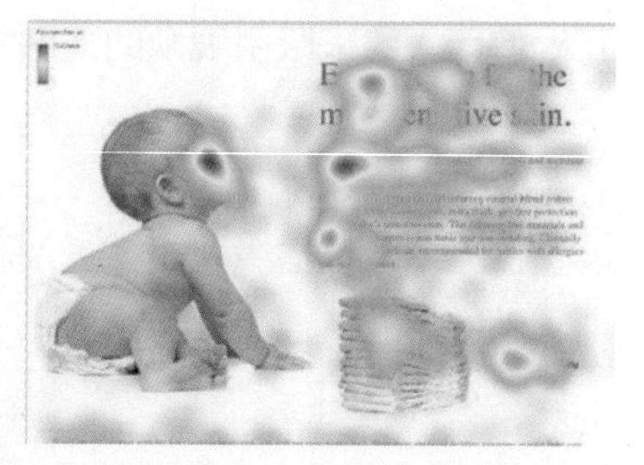

图片来自于NASA。

由詹姆士·布利兹进行的一项注意力捕捉研究表明，目光聚焦的方向对吸引观测者注意力的重要性。这一结论同样可以应用于幻灯片的图形设计，来吸引观众的注意力。

如果使用人物图片，请确保它们不会在无形中将观众的目光拉离你所希望他们集中注意力的地方。例如，如果文字或图表具有最高优先级，那么人物的朝向就不能对着与它们相反的方向。下面这些幻灯片上的图片是把你的目光吸引到文字内容还是脱离了？虽然每一组中的两张图片都能接受，但是其中下边的图片能够更好地将你的目光吸引到文字或图表上去。

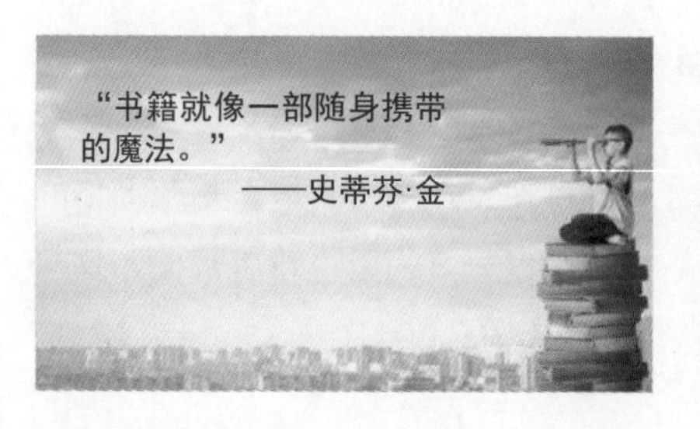

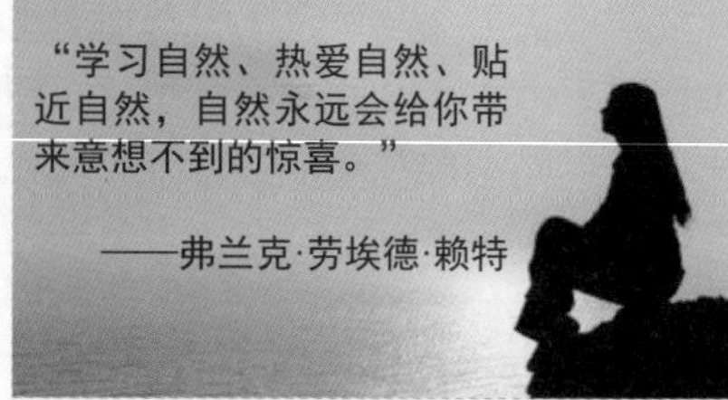

在左上角的幻灯片中，我们的视线会被自然而然地吸引过去。在上面的图片中，我们先被图中的人物所吸引。在全屏播放过程中，观众的视线会慢慢转移到幻灯片中人物所面对或者走到的方向那边。

平衡

设计中的平衡问题非常重要，而巧妙地利用空白则是达到画面平衡的方法之一。一个平衡的设计作品能够传递出清晰、独立却又统一的内涵。设计优秀的幻灯片往往需要目的明确，并能够步步引导观众的目光，使他们不用刻意寻找哪里是需要关注的内容。因此，画面千万不能给人以混乱无序的感觉。通过清晰明确的主次排序，以及画面元素的良好平衡，演说中内容的不同重要程度便可展现得一清二楚。

通过精心设计和安排“积极”元素的位置，空白也能产生强有力的效果，并使画面更具动感。因此，空白绝不是被动或消极元素；相反，它们能为画面带来积极的作用。如果想使幻灯片更具视觉冲击和动感，那你可以考虑不对称设计的方法。这样，画面会因包含形状和大小各异的图形而不显得单调沉闷，自然也就变得更具动感。

相反，对称设计更强调居中和均等。与不对称的设计方法相比，对称能给人以平和、正式和稳固的感觉。虽然有时居中对称的设计会导致两边空出留白，但这也是可以接受的。

在设计幻灯片时，图形大小和形状的选择十分重要。但是，如果我们没把留白部分也作为一种形状也考虑在内，设计时就会带有盲目和随意性，进而导致最终的画面效果平淡无味。一套优秀的幻灯片中往往既有对称设计，也有不对称设计。

关西外国语大学的凯斯琳·斯科特绘制的水墨画。

三等分

数百年来，艺术家和设计师无不渴望在其作品中体现“黄金分割”的完美比例。黄金分割率为1：1.618。因为他们认为，与自然界中那些拥有黄金比例的事物一样，拥有黄金分割的图片更具视觉美感。但是，尝试采用黄金分割的视觉设计在多数情况下并不实用。不过，我们可以借助从黄金分割衍生而来的三等分原则，作为幻灯片设计中的一个基本技巧。三等分原则能够帮助设计者取得平衡点（无论是对称还是不对称的设计），从而使画面更加美观，更具艺术美感。

三等分原则也是摄影师取景时遵循的一个基本原则。拍摄对象处在取景器正中央的效果往往比较无趣。因此，设想两纵两横四条线把取景器平均分成九小格，四条线两两相交构成的四个点（也可称作“着力点”，如果你愿意相信的话）就是拍摄对象的最佳取景位置。很显然，最佳位置不是正中央。

记住，设计没有“绝对的自由”。为了节约时间，我建议设计前可以先在空白的幻灯片上画好线条。你可能没注意，但实际上网页以及报刊上的文字内容，在设计时都是按照一定的标线编排而成的。那些标线能够为编辑节省大量时间，同时也确保设计出的内容整齐、协调和美观。在你的幻灯片“画布”上用小格子将版面三等分是达到黄金分割的简单方法，而且在幻灯片上标出两纵两横四条线后，设计时也就能统筹兼顾各种要素，合理地安排画面布局，从而达到最佳的平衡效果和视觉感受。

下面的几张幻灯片是从各种演说中挑选出来的。这些幻灯片虽然不对称，但取得了平衡的效果。我们对比一下原来和修改后的差异。尽管原来的画面是对称的，修改后的画面是非对称的，但是修改后的画面却达到了平衡、动态的电影效果。

修改前

修改后 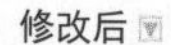

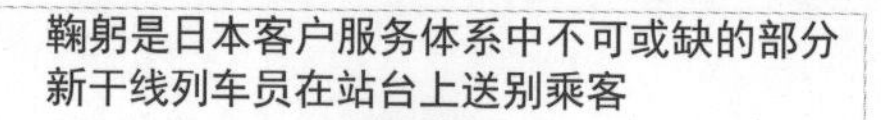

Greeting Shinkansen
passengers at station

December 6, 2019 Customer service in Japan Page 23/89

初学者可包容万物。
——铃木俊隆（Shunryu Suzuki）

修改前

修改后

DECEMBER 6, 2019
VISITING KYOTO
PAGE 23/69

探索京都
京都

京都
Kyoto

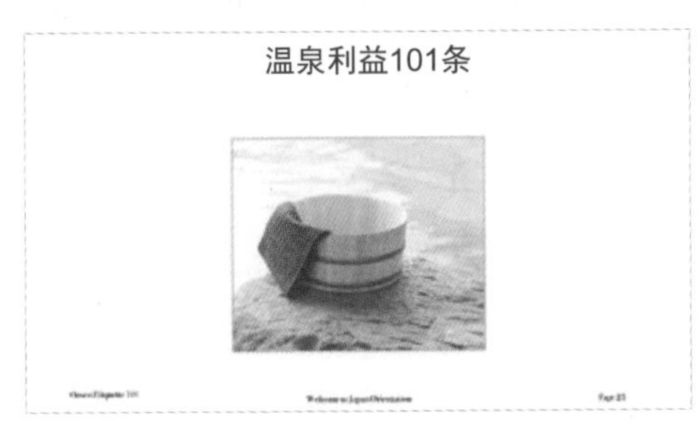
温泉利益101条

温泉利益101条

“玩乐的反面不是工作，而是消沉。”
——布莱恩·萨顿-史密斯
宾夕法尼亚州立大学

“玩乐的反面不是工作，
而是消沉。”
——布莱恩·萨顿-史密斯
宾夕法尼亚州立大学

左侧的图片并不是一张幻灯片，这是日本艺术家葛饰北斋（1760—1849）创作的“红色富士山”，这幅画取自于“富士山36景”的浮世绘中。从九宫格中，可以看到三等分原则在这个作品中应用。然而需要明确的是，三等分不是一个确切的法则，而是在非对称画面中取得平衡的方法。

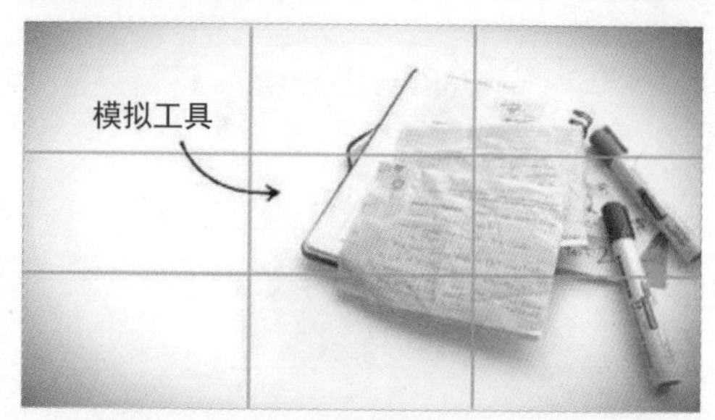

建立属于自己的画面风格，让其变得独一无二和具有可辨性。

——奥森·威尔斯（Orson Welles）

四大基本原则：对比、重复、对齐、就近

图形设计远不止这四大基本原则。但是，在幻灯片设计中理解并运用这四大原则能使设计作品更加光彩夺目、令人满意。

对比原则

对比原则，简言之就是突出事物的不同之处。或许我们的大脑至今仍认为，我们依旧生活在大草原上，每天需要通过观察周遭事物追捕猎物以维持生计，故而造成我们对于对比强烈的事物特别敏感。可能我们自己没意识到，但实际上我们无时无刻不在寻找事物的相同和不同之处。运用对比原则的幻灯片容易引起观众的注意，从而赋予作品更大的能量。因此，设计者必须将不同的元素加以区别，而且对比要强烈。

对比是设计中最重要的概念之一。原因是，几乎所有的设计元素都能成为对比的对象。通过设计布局（远近、详略）或颜色（深浅、冷暖色调），又或字体（下画线、粗体）以及元素的位置（居上、居下、集中、分散）等都能产生对比的效果。

对比能够突出某些元素，帮助观众迅速地抓住信息。优秀的幻灯片都有一个清晰的焦点，而且不同元素之间具有强烈的对比。如果所有元素都千篇一律，观众则很容易迷失方向，不知该看哪里。设计中如果遵循了对比原则，则能调动观众的兴趣，帮助他们更好地理解演说者的思想。反之，如果对比不够强烈，就会造成画面平淡，更易混淆观众。

设计中的每一个元素，比如线条、形状、颜色、文本、大小、字体等都能产生对比的效果。我在下页中分别列举了对比强和弱的幻灯片样式。

在上图中，我们可以看到6个人物，但是我们会情不自禁地被第2个人物所吸引。第2个人物的衣着、态度，甚至是姿势都与众不同。

在下页的图片中，你可以通过示例幻灯片看到好的和差的对比。

WEAK CONTRAST

BETTER CONTRAST

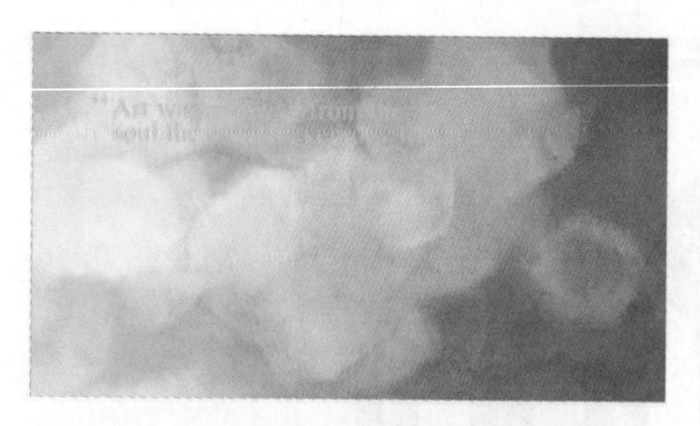

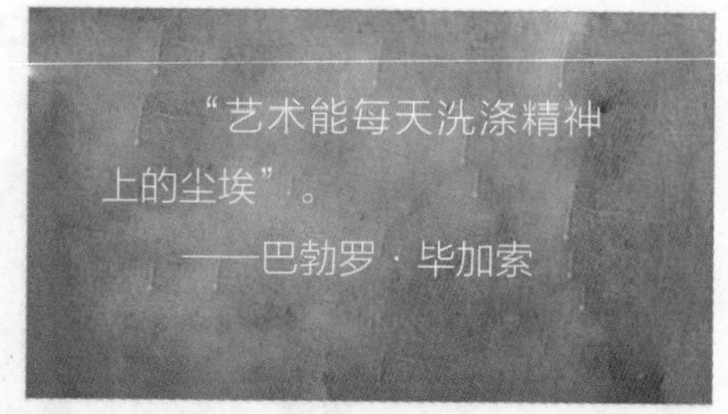

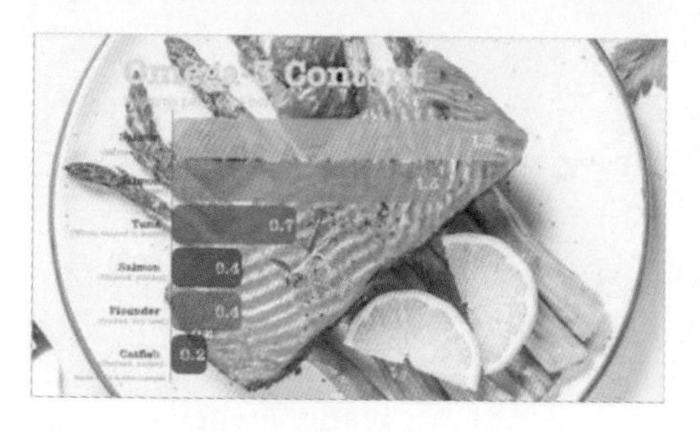

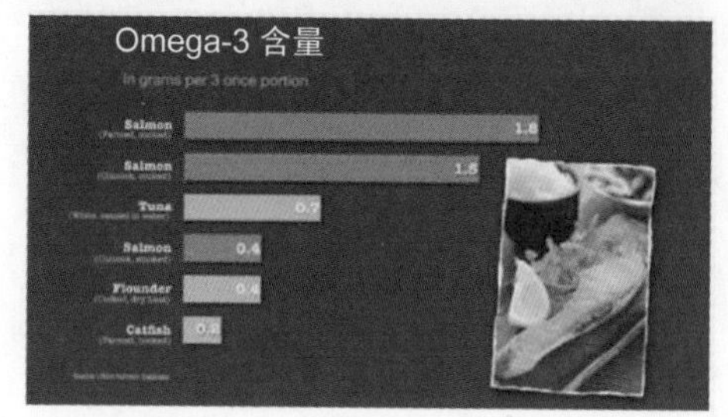

重复原则

概括地说，重复原则就是在幻灯片中多次使用相同或相似的元素。对比的作用是突出区别，而重复则为了给人协调和统一的感觉。如果你使用了某幻灯片模板，就体现了重复的设计原则。比如，所有的幻灯片拥有相同的背景和字体等。如果你选择用购买来的模板来制作幻灯片，重复原则已体现在模板之中了。比如使用风格一致的背景、图片和颜色增加了幻灯片的统一性。

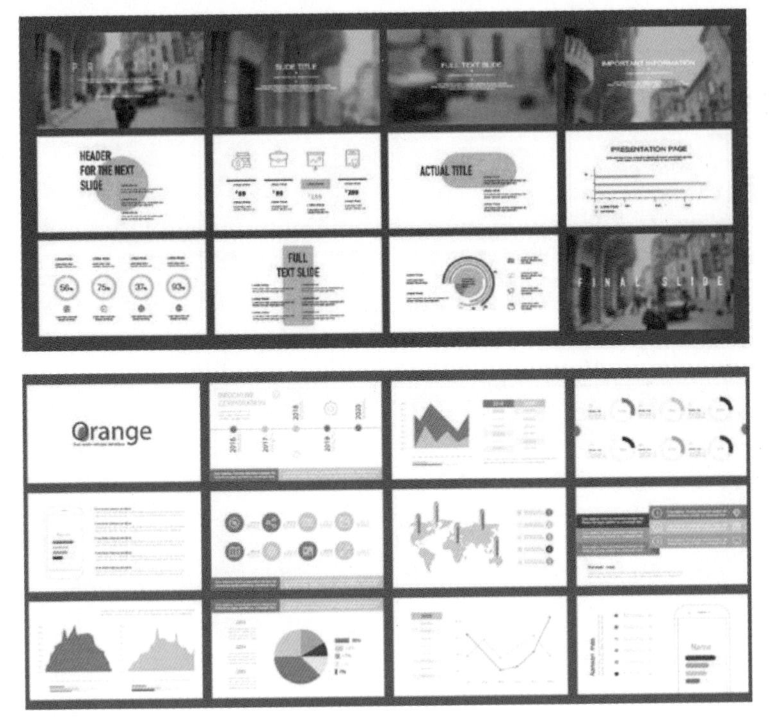

上面的两个模板来自Shutterstock网站，这两个模板说明了如何利用风格一致的颜色、形状、字体、图片、图表等视觉要素来确保幻灯片风格的协调统一。你可以通过 Canva和Creative Market等网站选择漂亮的、高质量的幻灯片模板。

对齐原则

对齐原则的全部要点就是：不要让幻灯片上的任何东西像是被随意摆放上去的，而要让各元素就好像被无形的线条贯穿在一起。重复原则更多是针对一套幻灯片（即不同幻灯片之间），而对齐原则则针对的是每张幻灯片上的元素。如果要使画面上的元素互相对齐，使用格子是一个很好的办法。

许多人可能不太注意对齐的问题，因而造成幻灯片中的各元素看起来不那么整齐。这或许没什么大问题，但还是会给人业余和粗糙的感觉。有时观众也有可能察觉不出这些细节，但内容对齐的幻灯片版面更加整洁和清晰。如果再配合其他设计原则，则能使观众理解得更快，更容易。

就近原则

为了使结构更加清晰，设计者根据需要把某些相关元素摆放在一起，这种做法就是就近原则。就近原则认为将相关的内容放在一起，画面就不会显得松散。观众会自然而然地认为那些距离较近的内容是属于一个整体的；同样也会认为那些距离较远的内容相互之间的联系没有那么紧密。

不要让观众去思考哪个标题搭配哪幅图片、哪些是大标题哪些是小标题等问题。这些都是你设计时应该给予充分考虑的，而观众应该一目了然才对。幻灯片不是书本或杂志那样可以从容阅读的东西，因此每张上面的内容不能过多。罗宾·威廉姆斯在她的畅销书《写给大家看的设计书》中谈到，当我们设计完一件作品时，首先应该回头反思，看看作品的哪个部分最能吸引自己。因此，当你回放设计好的幻灯片时，要考虑这几个问题：最先映入眼帘的是什么？其次又是什么……什么最吸引你呢？

幻灯片的标题不够突出；由于没有遵循对齐和就近原则，画面看上去像由5个不同的部分组成。

演说设计的原则

怎样像一个设计师那样思考

Less Nessman

PRKW中心主任

幻灯片内容居中，充分运用了就近原则，对比较强烈。通过变换字体的大小和颜色突出了标题。

演说设计的原则

怎样像一个设计师那样思考

Less Nessman

PRKW中心主任

这两张幻灯片的内容都居右，优于常见的居中效果。文字的颜色和字体对比也更强烈。标题上的红点与幻灯片下方的红色公司标识遥相呼应。

修改前

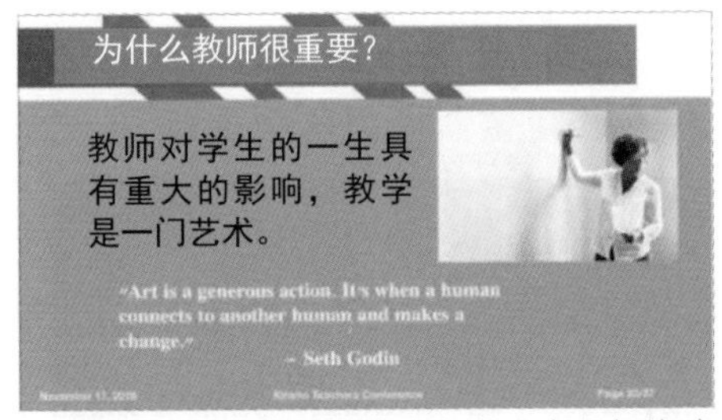

尽管文字看起来容易阅读，但是没有很好地对齐，整个幻灯片看起来很乱。

修改后

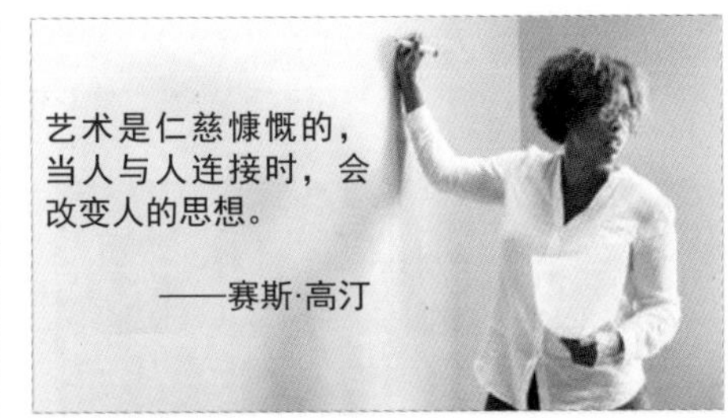

把其他文字去除，而仅仅保留引言部分。观众的视线首先被教师所吸引，而后被缓缓地转移到文字部分。尽管教师的视线与文字方向相反，但是她的身体是面向引言部分的。

这是一张常见的幻灯片格式，但是要思考一下这种列表式的要点是否有必要。这种幻灯片观众已经看过太多次了，为什么不尝试把图片、字体放大一下？

平板支撑：一项可以给你诸多益处的锻炼项目。

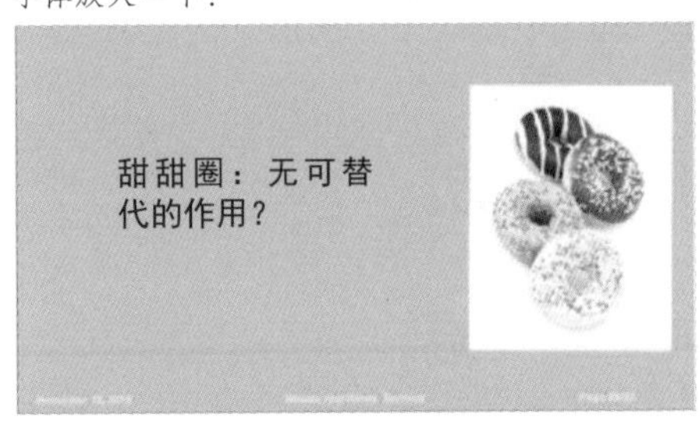

这张简洁的幻灯片便于阅读，但是由于版式处理中没有很好地应用靠近原则，而使得画面显得混乱。文字位置、图片和背景的选择等增加了画面的噪音，分散了观众的注意力。

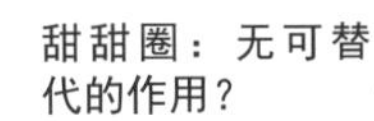

在这张幻灯片中，常见的字体格式与引言相呼应。引号中的颜色取自粉色的甜甜圈。幻灯片的背景被去除以降低画面噪音。甜甜圈被放置到画面的边缘，以增加幻灯片动态效果。

修改前

在这张幻灯片中，柱状图中的数据并不多。但是其中一个维度却不明所以地被标注了阴影。在横轴上国家标识的字体也太小了，难以识别。

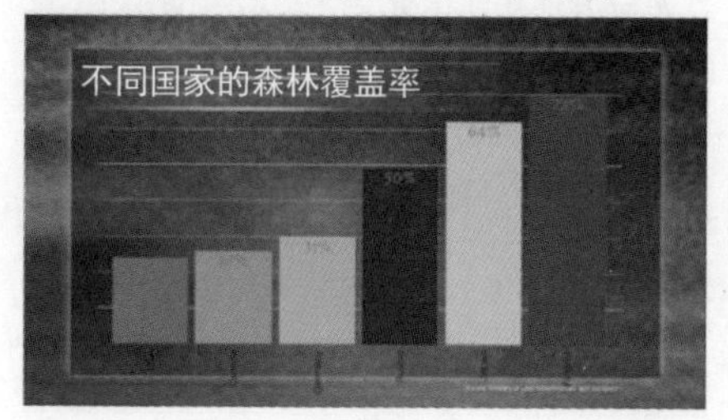

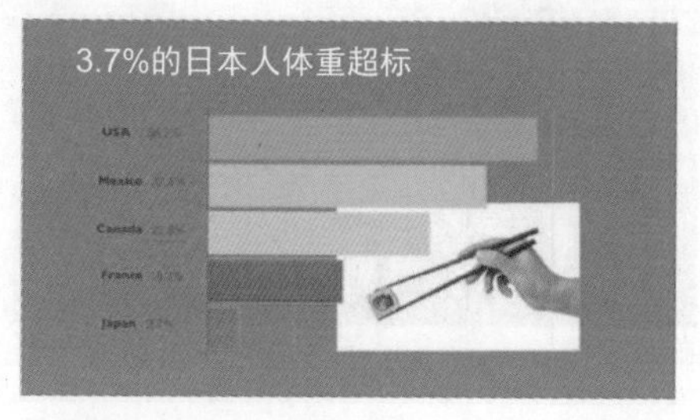

条形图和背景的颜色搭配不当，对比也不够强烈。文字可读性差，寿司的图片还造成不必要的噪声。

修改后

图形的背景和对比都得到了改善，字体和数据也更容易识别。突出的颜色被用来标识芬兰这个国家，而其他的不必要的网格线被去掉了。

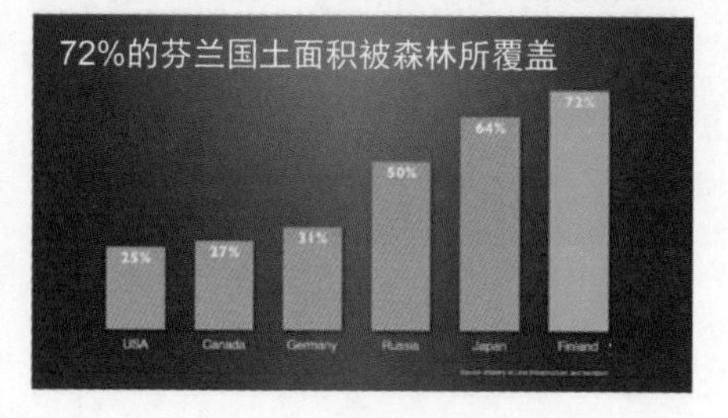

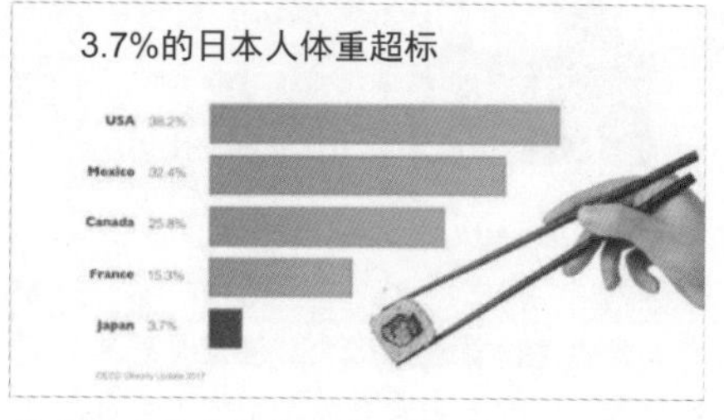

通过修改背景颜色，使图片融入了幻灯片背景。突出文字和条形图，增加了可读性。

修改前

这些都是很常见的幻灯片，它们都存在典型的问题：无新意的标题、给文字加下画线和使用小尺寸的图片等，而这些无法帮助演说者突出信息。在蓝色背景上使用黄色的文字达到强调的效果，这种做法实在太老套了。

修改后

这张幻灯片表达了与左边的同样的信息，但是图片更大，字体也更加醒目，使得垃圾的问题被直观地展露出来。字体有种粗糙的感觉，并且用绿色进行重点标示，与绿色调垃圾塑料桶取得呼应。

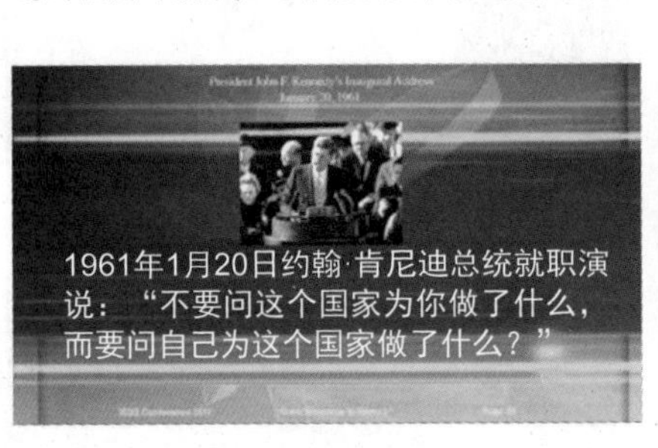

引语和照片的选择都很经典，但这张幻灯片很难打动人，或具有影响力。背景看上去就像是套用了模板，而且太复杂，使得上面的文字很难识别。文字部分也很糟糕，看上去就像是要点列表。整个幻灯片上的内容被居中放置，给人狭小的感觉。尽管元素不多，但看上去显得很杂乱。

文字部分简洁，大而清晰。照片被放大和居右放置，更具视觉影响力。这样，原照片上那些无关的内容就被隐去了。幻灯片上肯尼迪的目光指向了引语，因此大多数的观众都会先看见他的脸，然后视线自然地转到文字部分。

修改前

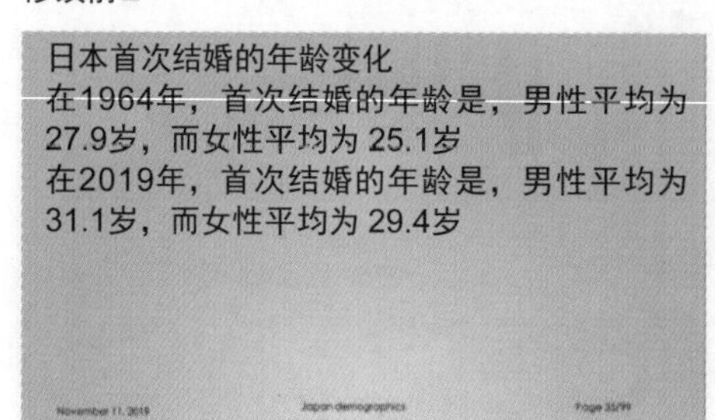

修改后

上面的幻灯片包含了一个标题和两个要点。如果这个幻灯片分解成两张（见右侧），一张用黑白图片表示1964年的情况，而用彩色图片表示2019年来形成强烈的对比，这样效果更好一些。

修改前

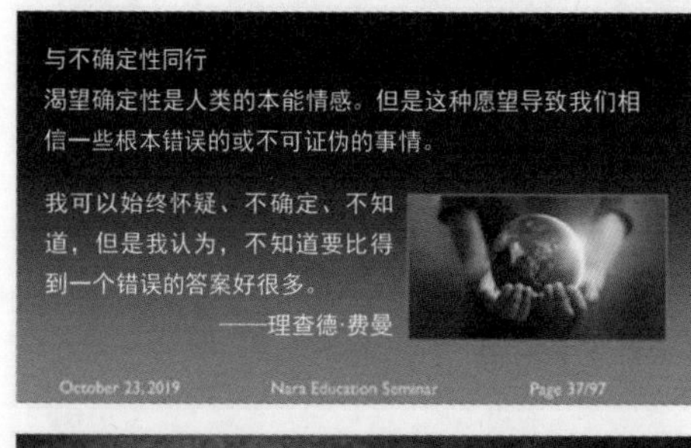

修改后

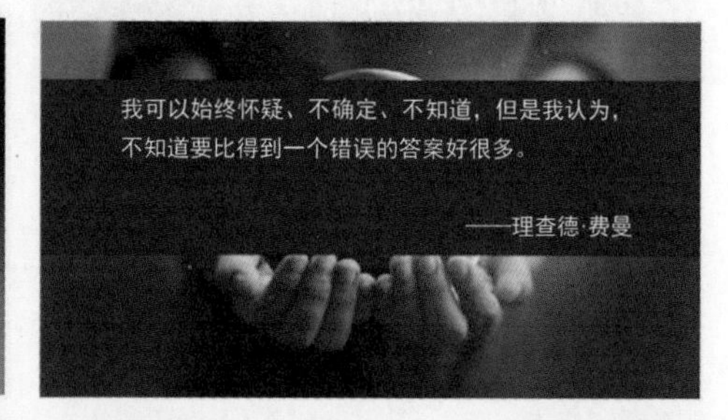

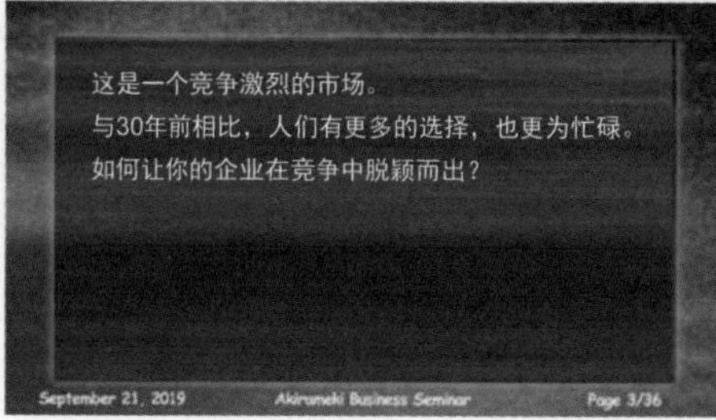

本章要点

- 设计很重要。但是不是装饰或点缀，而是为了尽可能简单明了地与观众交流。
- 记住信噪比原则，去除无关紧要的元素；避免使用三维图表。
- 图片较文字更容易被观众所牢记。多使用感染力强的图片来辅助演说。
- 留白不等于空洞无物，而是蕴藏着强大的作用。学会发现并运用留白，使幻灯片更有层次感，内容也更加清晰、有趣。
- 高品质的图片更有表现力，容易辨识和理解。使用全屏图片时，把文字放在图片上部是最简单，也最可能达到布局平衡的做法。
- 使用对比原则，突出与众不同的元素。如果已经略有不同，那么需要让它变得非比寻常。
- 使用对齐原则，用无限的线条将各元素联系起来。借助网格把文字内容排列得整齐划一。
- 使用就近原则，将联系紧密的内容放在一起。观众会自然而言地把靠近的内容视作一个整体。

7

幻灯片运用范例：图文并茂

我们已经了解了高效制作幻灯片的原则和方法，并掌握如何利用简约、对比、留白增强幻灯片的传播效果。一旦你让幻灯片看起来更和谐统一，就会发现这些设计理念也更加契合自然，而演说的效果也更好。你的幻灯片不但可以唤起观众的注意力，并成为“演说的一部分”，而且演说内容也更容易、快速地被观众理解。如果你想阐述一些复杂的事物，那么不要一次性传递大量信息，而是要让你的幻灯片更加活泼生动，按照一定的逻辑顺序，通过不同的图形或表格层层递进，表达思想。简约、约束、平衡，不论是制作幻灯片还是其他多媒体影像，都是重要的制作原则。

就演说的视觉呈现而言，我们往往注重图表、数据的精确，有没有纰漏，但是同样，不管承认与否，我们也必须关注观众的情感因素。观众也对演说给出自己的判断：有吸引力的、令人信赖的、职业的、花哨的，等等。这些都是观众对演说的本能反应。我们的目标并不是把幻灯片设计得“好看和炫目”，而是清晰易懂。如果在设计的过程中始终遵循简约、约束的原则以及第6 章中提到的那些基本原则，最终的幻灯片效果将精彩纷呈并引人注目。

填充屏幕：Redux架构

填充屏幕并创建易识别的设计元素。例如，大多数演示在视觉效果上的问题不是幻灯片中的文本太大，而是太小。对于在会议室、教室和讲堂中进行的大型演示，为什么不把文本做得足够大，以便在提供视觉效果的同时，能够让人马上理解？这可不是一个花招。记住，人们是来听你演讲的——视觉效果可以协助阐述和支撑你的观点——但可没有人会在那里自己阅读或者听你朗读这一堆幻灯片上的内容。设计幻灯片时还要考虑后排观众的体验。

会议室或大型演讲厅的主题演讲屏幕与路标或广告牌有很多共同之处。我的朋友南希·杜瓦特（Nancy Duarte）在她的书《演说：用幻灯片说服全世界》（*Slide:ology, O'reilly Media*）中说，好的幻灯片就像路边的指示牌，观众应该能够在很短的时间内理解其中的含义，"演示文稿就是这种媒体，与广告牌的关系比其他媒体更密切……问问自己，你的信息是否能在3秒钟内得到有效处理。"

就像广告牌一样，幻灯片中的元素，包括文字，必须足够大，从远处就能立即看到和理解。没有理由让人们眯起眼睛把它放大，把它弄清楚。

这是我在奈良伊科马市的一个大礼堂里为大约400名观众做的一次90分钟演讲时用的标题幻灯片。这张照片是在排练时拍的，你可以看到我和我的两个孩子在舞台上玩耍。请注意，我们很小心地调整了投影系统，使16：9的幻灯片占满了整个屏幕。因为投影机没有调整合适，幻灯片没有填满屏幕，只占据了屏幕的一部分，使得许多幻灯片没有达到应有的效果。

这张照片是在日本一个大礼堂的另一场演讲彩排时拍摄的。当我们设置时，我们注意到16：9的幻灯片只占了屏幕的一半。我们找来了技术人员，他们最终将投影仪进行了设置上的调整，将幻灯片填充了整个屏幕。工作人员说没有人曾经为此抱怨过，他们接受了较小的尺寸。我强烈建议你们，如果不能自己控制屏幕或投影仪，可以咨询现场的工作人员，以确保投影的图像尽可能大，因为更大的尺寸可以产生更大的影响，给观众带去更加舒服和愉悦的体验。

这是我在东京附近的一个大厅里为一所大约有300名学生和教师的大学做演讲时的照片。在设置过程中，投影的幻灯片并没有填满屏幕，但是在工作人员的帮助下，我们投影的图像填满了屏幕。由于我总是避免使用激光指示器，所以我实际上是在指向屏幕上的一个相关元素。百分之九十九的时间我在屏幕的两边或者正前方，但是偶尔把自己放在“幻灯片里面”也是可以接受的。

从文字到画面：无数的可能性

你的观众不喜欢一边听演讲一边看满是文本的屏幕，但是如何决定视觉化地呈现你的信息取决于你自己。不只有一种方法，而是有无数种方法来展示你要表达的内容，以补充和放大你的信息。例如，你想简单地指出，即今天日本人吃的大米比55年前要少得多。最简单的方法就是在幻灯片上输入几行文字，但对你来说简单并不意味着视觉效果会吸引人或让人难忘。这里我给大家展示4种不同的方式来重新设计幻灯片，达到支持这一观点的目的。

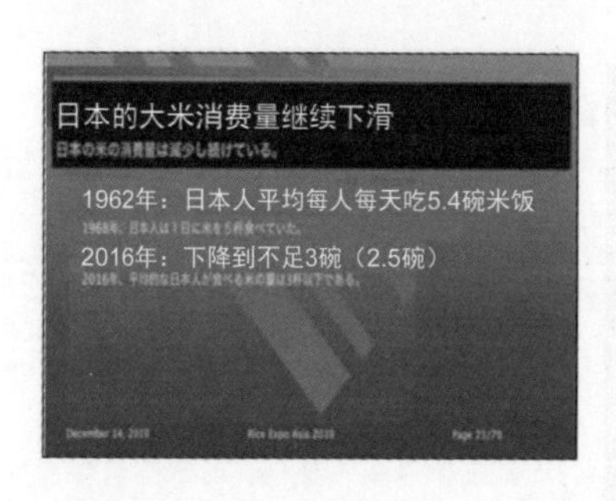

这是最容易制作的幻灯片，但它没有做到：
（1）吸引观众的注意或兴趣。
（2）使事情更容易理解。
（3）让人记住信息。
在第1次重新设计中，将5.4碗和2.5碗米饭的数据进行了画面化。因为这是一张双语幻灯片，所以不要将两种不同语言文字的大小设置成一样，这很重要。第2次重新设计也显示了米饭的图像，但这一次的图像更加在视觉上支持演讲者的观点。即从20世纪60年代以来饮食所发生的变化，现在的饮食中包含了更多的面包。

第1次重新设计

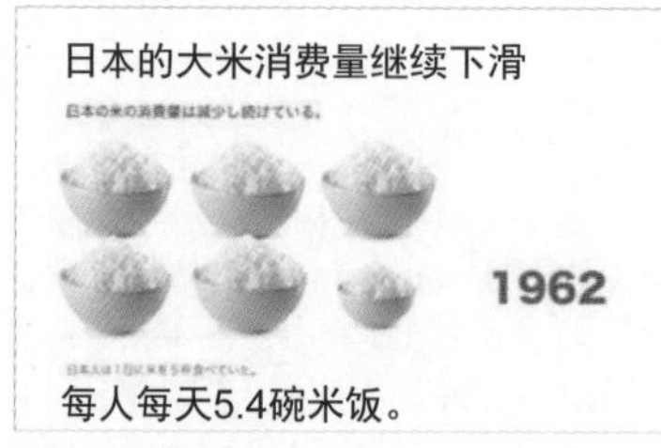

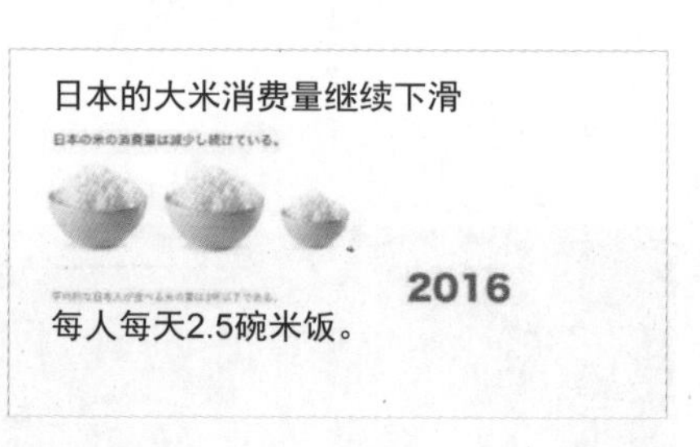

第2次重新设计

第3次重新设计

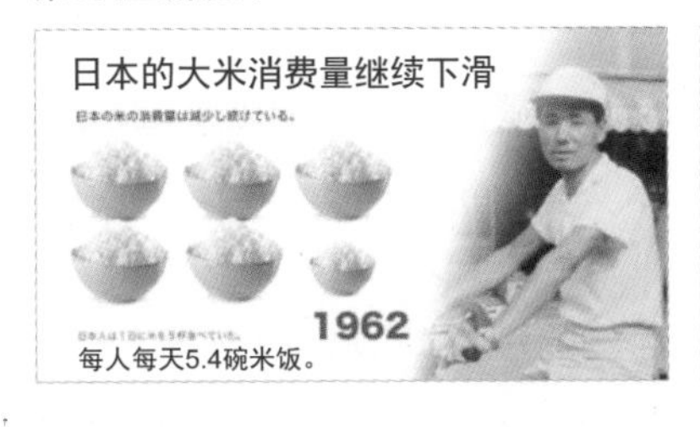

第4次重新设计

上面第3次重新设计的版本与第2个版本基本相同，但这一次使用了在1962年拍摄的一个瘦日本男人（我的父亲）的照片，与一个更胖的现代男人的照片做了对比。目的是为了说明过去几十年日本代谢综合征数量的增加。在第4次重新设计时，图片再次被用来强调演讲者讲述的内容，即日本50年来饮食和生活方式的变化。右边的简单图表是另一种方式，同样说明了演讲者想要表达的关于日本饮食变化的观点。

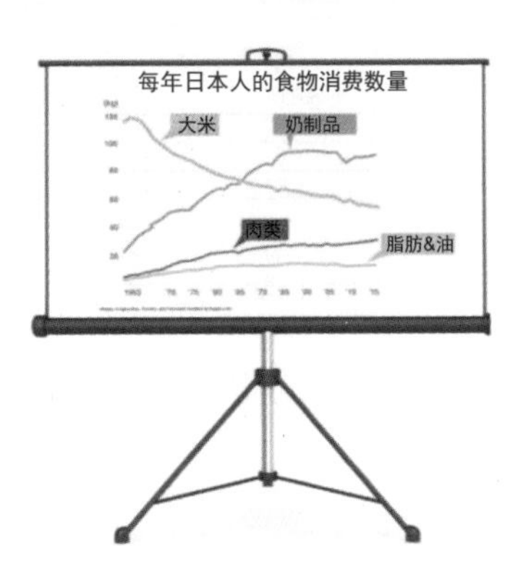

在竖屏模式下处理画面

在撰写本文时，全球有超过50亿人可以通过智能手机或其他移动设备等方式进行拍照。今天有很大比例的人——几乎是所有人——只通过拍照手机来照相。这导致了大量的图片和视频是在纵向而不是横向模式下拍摄的。这不是一个问题，除非图像或视频需要在现场演示的屏幕或电视屏幕上显示。例如，新闻节目经常要处理这种两难的局面，因为这类节目经常会播放观众发来的用手机拍摄的视频或照片。那么，如何在一个横屏中处理一个纵向图片呢?你可以选择放大，然后裁剪图片来填充屏幕。如果因为重要的元素会丢失或质量受到影响，那么你可能没有其他选择，只能在竖屏模式下显示图片。然而，这会在侧面留下一些空间，看起来不专业，甚至会让人分心。但解决办法也很简单。一种常见的技术是复制原始图片并放大，使其在水平位置填满屏幕后，把它移动到底层画面。然后，在演示文稿或图片编辑软件中，为图像添加模糊效果。你可以调整背景图像的位置或所需的模糊程度。

在上面的这张幻灯片中，背景模板容易分散人们的注意力，并使图片看上去非常窄。

这张幻灯片中，原来的图片被放大和模糊后置于了底层，其颜色以及背景和原图片非常相似，因为它们本身就来自于同一张图片。

当你在屏幕上显示一组图片时，突然其中一张图片左右有大块明亮的白色背景，这会显得很不和谐。

在这里你可以看到这个模糊后的图片将被裁掉多少顶部和底部的内容。

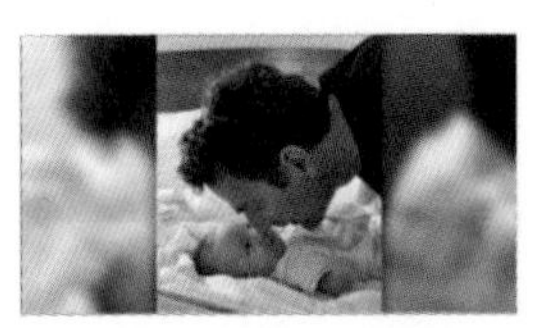

在信噪比方面，原幻灯片中带有白色块的人像图片可能在画面上更干净，但这个版本实现了更专业的外观，而且使幻灯片上的图片看起来更大。

BEFORE

AFTER

由于背景墙的水平特性，当我们放大和模糊图像时，感觉就像图像填满了整个屏幕。

这里没有进行特殊的编辑来混合图像。但是，通过简单地放大和模糊原始图像，它几乎就像是在风景模式下拍摄的照片。

第1张幻灯片没有什么问题，但是第2张幻灯片更有感染力，更有影响力。

这实际上是一个竖屏模式的视频，在这种情况下，我把一个模糊的静态图像放在视频背景中，以保持背景简单。

图层和透明效果

大多数幻灯片应用程序允许你编辑部分或全部图像，包括使图像部分透明，使得来自背景中的不同视觉元素能够显示出来。在PowerPoint中，选择“移除背景”工具来移除图像中的某些部分。在Keynote中，即时Alpha工具就可以做到这一点。下面，是一些如何使部分图像透明达到有趣的效果的例子。

这张幻灯片上有3张不同的照片。使用Keynote中的Instant Alpha工具（相当于PowerPoint中“移除背景”功能），我将一张老式电视机的图片背景抠出，并且移除了电视屏幕。

在这张幻灯片中，电视屏幕中的图像不是一张照片，而是截自一段视频（来自20世纪60年代的8mm胶片），这确实增强了幻灯片的趣味性，并把观众带回到过去。

您可以创建自己的视觉主题或模板。在这个例子中，我为一个关于“改变中的日本”的演示创建了一个老式相册主题，其中包括很久以前的照片和视频。这张幻灯片有一张背景照片和一段视频。背景的照片来自我岳母的旧相册。我保留了相框，但是把旧照片的内容做成了透明，这样就可以插入所需的视频了。

当幻灯片一开始出现时，观众可能会认为这是一张富士山和稻田的照片，但当按下遥控器时，视频开始了。画面显示了一段用无人机拍摄的关于一辆高速行驶的新干线（子弹头列车）穿过田野的情形。

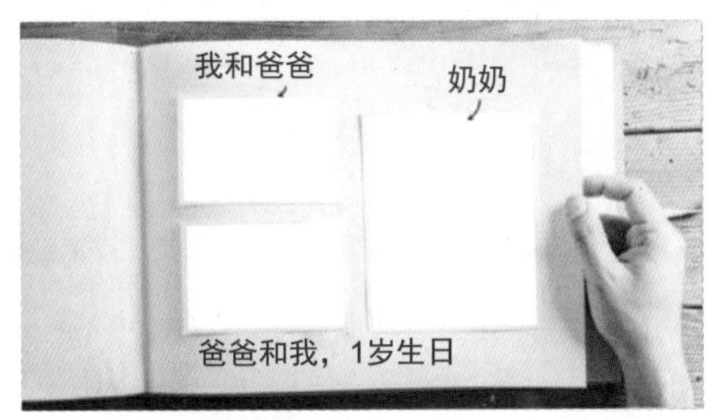

我购买了这张幻灯片中的相册，因为它的纯白色相框可以很容易在软件中变得透明。我可以根据演讲的主体添加相应的内容。

这张幻灯片介绍了我的童年。当幻灯片出现时，仿佛显示了一个相册，里面有3张我过去的照片。但是在相册图像的透明框里，实际上我放了3段剪辑的视频（由8mm胶片转换而来）。当我点击遥控器时，每一张“照片”都会在相框中变成一个影片剪辑。

对比和模糊效果

有时，你希望先显示一张全屏图片，然后在图片上显示文本。要获得更好的对比并使文本更容易阅读，一个方法是模糊背景。为了达到一个良好的效果，使用图像的两个不同版本——一个清晰的版本和一个上面有文字的模糊版本——然后在它们之间使用一个渐变效果。在这里，我讨论了独处时间和在大自然中度过时间的问题，并展示了一个我最喜欢的寻找孤独的地方。

渐变

我先从一张有着海洋以及一个独自行走的人的清晰的图片开始（上面的幻灯片），然后通过渐变效果，在上面加上引用。

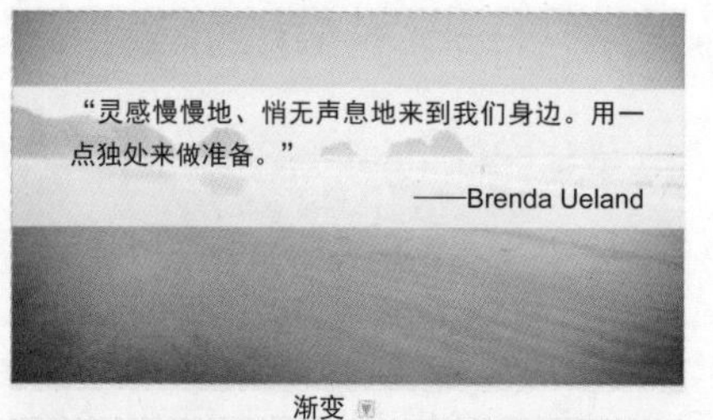

渐变

在本例中，我首先在一个模糊的图片中加上引用。这激发了观众的兴趣，使他们好奇这张图片的内容。随后通过渐变，将添加了文字的模糊幻灯片，慢慢显示出站着一个人的海滩。

示例幻灯片

本章中，我将向大家集中展示一些幻灯片样式。限于篇幅，每套幻灯片我只选取了其中几张，以供参考和讨论。这些幻灯片示例并不是完美得无可挑剔的。由于无法看到它们在演说现场的效果，因此我们只能站在设计的角度讨论，即以它们是否遵循了基本设计原则为评判标准。至于演说者是否出色高效地利用了这些幻灯片，则无从知晓。尽管每套幻灯片示例中的主题和内容各不相同，但它们都有着以下几个共同点：简约高效、画面感强，并起到了辅助演说者的作用，使其阐述的观点清晰明了。

要判断自己的幻灯片是否像这些示例幻灯片一样，不妨通过如下几个简洁标准来判断一下：

（1）你的幻灯片是否能吸引观众的注意力，或者让观众关注屏幕?

（2）你的幻灯片是否让观众快速而清晰地理解你所传递的语言信息?

（3）你的幻灯片，包括你呈现的数据，是否有助于让观众记住你的信息?

（4）你的幻灯片是否有助于不仅让观众记住你的信息，还能在演说之后，让观众思考并行动?

第（4）条可能并不会在每次演说后都会发生，但是前三条对于一个成功的演说而言却是非常重要的。

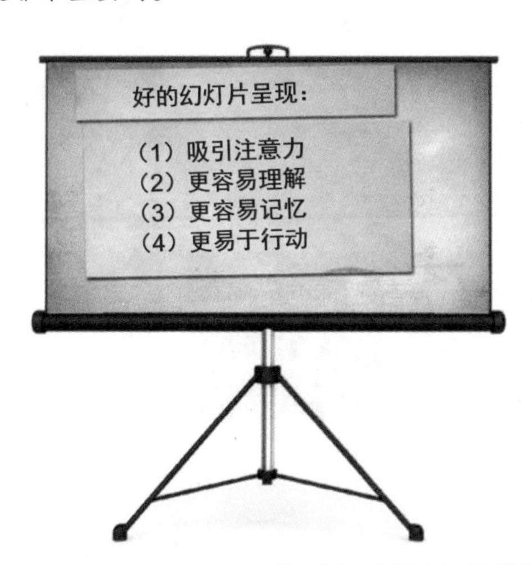

竹子的启迪

我为东京TED 大会上的12 分钟演说制作了这套幻灯片。在这场快节奏的演说中，我分享了有关通过观察身边的世界来获得启迪的想法。即使是谦卑的竹子，它作为日本文化的一部分也为我们提供了简约、灵活和韧性的启发。我用日本和纸作为幻灯片的背景，试图获得更加真实的质感。这些幻灯片的横纵比为16：9，以适应东京会场的宽屏。你可以在YouTube上观看此次演说，也可以在TEDxTokyo – Garr Reynolds – Lessons from the Bamboo网站中查找到。

（1）记住：看起来柔弱的恰恰是最坚强的
看起来脆弱却很结实
你不要为了强而变大
身高说明不了什么，看看我，从身高上判断我的能力吗？
——尤达大师
（2）柔软而不断裂
（3）深植而灵活
（4）放松忙碌的心绪
（5）时刻做好准备
战士就应该像竹子一样，时刻准备战斗。
——Kensho Furuya
（6）空的智慧
清空你的杯子，方能再行注满，空无以求全。
——李小龙
（7）微笑、大笑、玩乐
笑う
生来就会玩乐
微笑的力量

（8）更新自我
百尺竿头更进一步
百尺竿头更进一步
（9）简单而有价值
我们要像竹子一样，简单他体现自己的价值
——Kensho Furuya
简洁
（10）春天释放自己的能力
不屈不挠
竹子的启示：
灵活性
适应力
弹性
成功不在于你遭受的击打有多重，而在于抗击打的耐力有多久，不断移动的能力有多强。
——洛奇·巴尔博亚
像竹子一样
好运！
终

像设计师一样思考

这些仅仅由背景和文字构成的幻灯片是我在很短的时间里制作的。我用它们在一场90 分钟的会议里向那些非设计师人士介绍了与设计有关的基本概念。更重要的是，会上就每一张幻灯片的内容与观众进行了交互式的讨论，始终围绕主题，而且循序渐进。针对每个重要信息，我用到了白板和讲义以更好地举例和说明。

吉汉·佩雷拉

畅销书*Webinar Smarts: The Smart Way for Professional Speakers, Trainers, Thought Leaders and Business Professionals to Deliver Engaging and Profitable Webinars*的作者

网络研讨会专家吉汉·佩雷拉提供了一些建议，告诉大家如何有效地举办一个吸引人的网络研讨会。

网络研讨会已经成为一种主流的演讲工具，但许多演讲者——甚至是有经验的演讲者——都表现得很糟糕。网络研讨会与现场演示（如研讨会、培训课程或会议室演讲）的最大区别在于环境。当你在现场演示时，环境——比如房间布局、灯光、屏幕、舞台、座位和观众注意力——被设计成以你和你的演示内容为聚焦点。相比之下，对于参加网络研讨会的人来说，演示只是在一个小屏幕和一个充满其他实务干扰的大环境中进行的。这意味着你必须更加努力地吸引观众，并在整个演讲过程中保持他们的注意力。这里有7个技巧可以让你在网络研讨会上更有效率，更有参与感。

1. 关联性

如果你的网络研讨会保证会分享下周末彩票的中奖号码，你一定会得到他们的注意——即使是粗糙的音频，慢速的互联网连接，杂乱的幻灯片（要点、剪贴画和难看的字体）！所以，首先，确保你了解你的观众，解决他们的问题，回答他们的问题，并增加价值。内容往往大于形式，但不要仅做到其中一方面，要两者兼顾。

网络研讨会的观众需要获取信息内容和教育。他们不需要被激发和启发什么，也不需要获取娱乐感（如果是则是额外的收获）。相反，他们要的是实实在在的可带走的价值，使得他们可以用来解决疑问、挑战、问题和实现抱负。

2. 多一些幻灯片

在现场演示中，你的幻灯片是一种视觉辅助，而在网络研讨会中，它们就是整个画面。后者会使用更多的幻灯片，从而保持观众的兴趣，并加强视觉效果。对于参加网络研讨会的人来说，同时处理多个任务是很常见的，比如边听音乐边查阅电子邮件或做其他事情，所以要经常改变视觉效果。作为一个大体的指导，每一张幻灯片都应该与你当时所说的内容相匹配（这比在现场演示中要多得多，在现场演示中，有些幻灯片可能只是作为一个背景）。如果一个观点需要花一分钟以上的时间进行说明，那就多放几张幻灯片。在幻灯片的设计上多花点时间。使用图表和模型而不是项目符号列表，使用图标而不是文字，使用照片而不是剪贴画。你的幻灯片不需要是艺术作品，但它们需要在视觉上有吸引力。

3. 创建属于你的幻灯片

制作复杂的幻灯片。如果你要显示一个图表，则先从坐标轴开始，然后是标签、条形图或线条图，最后是高亮显示的要点。如果要显示一个模型，请一步一步地构建它。在PowerPoint中使用动画工具很容易做到这一点（但不要使用花哨的动画，只是让每个部分“出现”即可），或只是使用同一系列的幻灯片来达到最终的效果。

4. “路标”你的内容

在幻灯片组中插入“路标式”的幻灯片，以清楚地解释内容的结构和流程。以一张提供概览的幻灯片作为开头，然后在阐述每个要点前放一张幻灯片，最后以一张总结性的幻灯片作为结尾。这有助于你的观众在思想上把握网络研讨会的进展和流程，从而减少对他们造成困惑和分心的风险。

5. 活跃起来

要让你的网络研讨会生动、活跃和有互动性。你的观众正在参加一个现场活动，所以要让他们参与其中。在网络研讨会的开头部分，让他们做一些简单的事情。这会引起他们的注意，让他们从一开始就参与进来，并证明这不是一个无聊的演讲。例如，你可以进行投票，提出一个难题，让他们写点东西，或者让一些人大声说出来。

6. 精力转移

和其他的演讲一样，在网络会议期间可以设计一些让观众转移精力的环节，例如：

（1）在线问卷调查。

（2）让与会者写或画东西。

（3）思考30秒后停止说话。

（4）拿出一张清单，让他们在心里挑选出最重要的3项。

- 想问的问题。
- 把演示文稿交给一位客座主持人。
- 从幻灯片切换到网页或其他软件。

你初次做网络研讨会时无法做到上面所有这些事情，但随着时间的推移和你对技术熟悉程度的提高，会最终达成目的。

7. 在你准备好之前开始

即使是对经验丰富的演讲者来说，网络研讨会也可能会让人感到不安和神经紧张。唯一的解决办法就是练习。从小群体开始，而不是大群体，减轻自己的压力。在你开始收费之前，提供免费的网络研讨会。让别人来负责技术部分。把要说的话写成稿子。但无论你做什么，需要的是：开始行动！

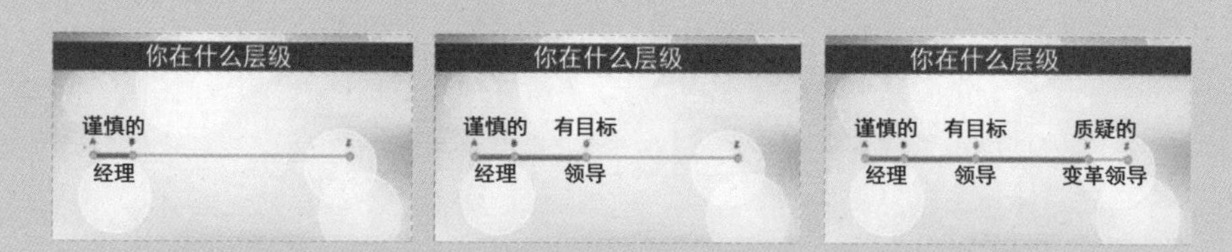

通过视觉引导让观众关注屏幕，聚焦你的观点。你可以使用动画或者一系列幻灯片来说明。

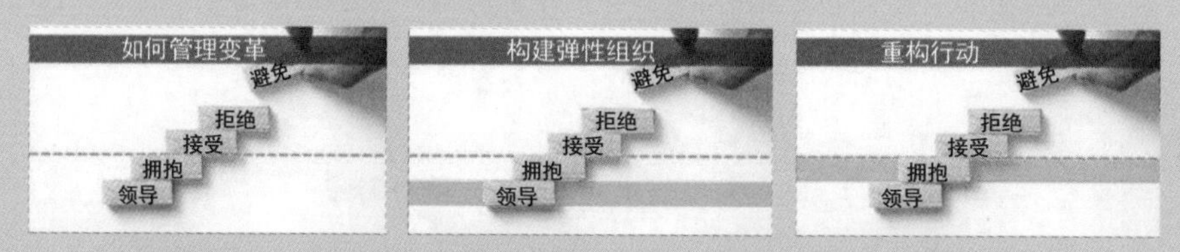

为了更好地说明你的演说结构，你可以使用引导式幻灯片说明步骤。你可以使用简单的列表，但是使用了更多视觉元素的导引要比简单的公告式的列表要好。就像在上述示例中，你使用的视觉元素越多，就越容易让观众的视线聚焦。

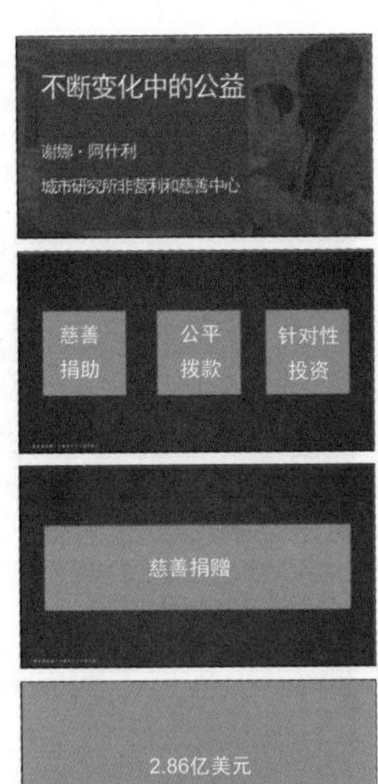

不断变化中的公益

这些幻灯片是城市研究所非营利和慈善中心副总裁谢娜·阿什利在华盛顿特区的一次主题演讲中使用的。观众包括来自大型非营利组织的专业人士和慈善家。

参与这套幻灯片设计的城市研究所数据可视化专家Jon Schwabish说："我之所以喜欢这套幻灯片，除了优秀的视觉效果，还因为它干净简洁的设计以及简单的数据分析。"

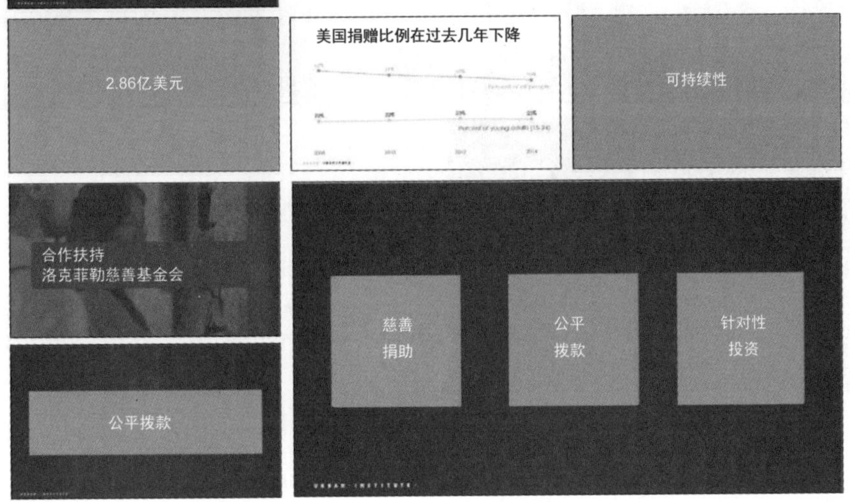

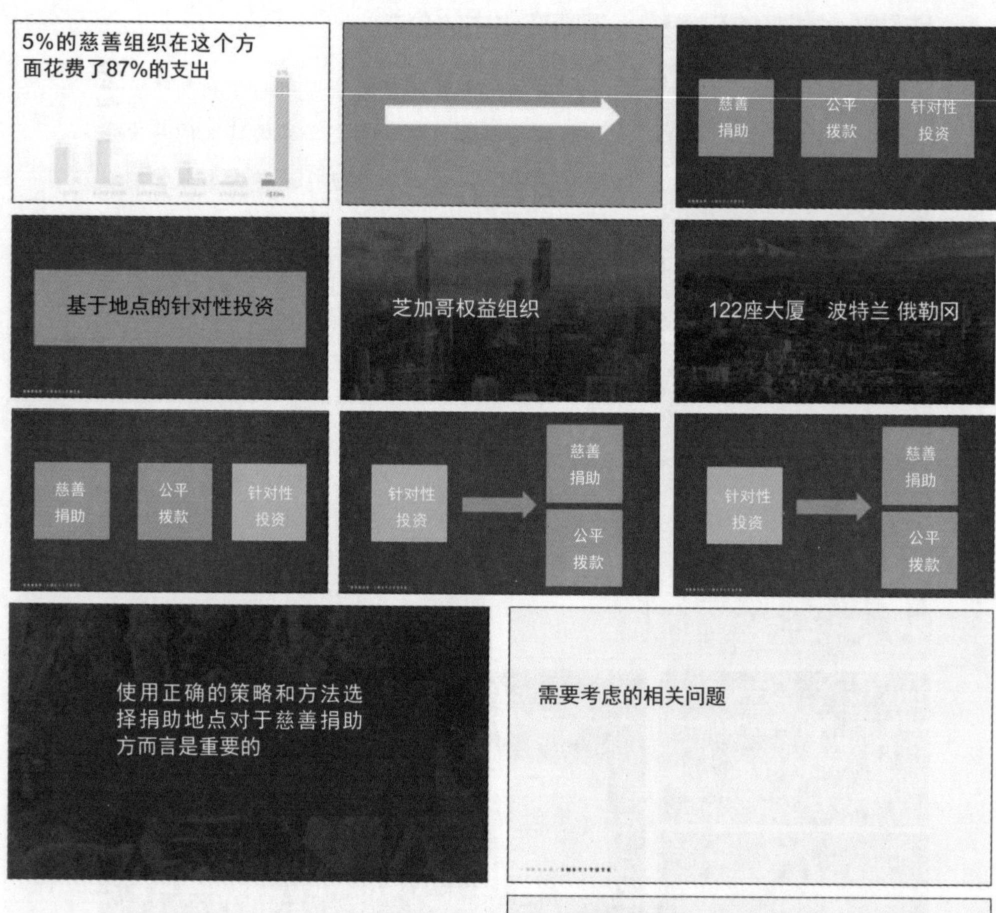

这些幻灯片是在30分钟的讨论期间呈现在屏幕上的。在讨论之后，演说人呼吁观众思考一下这些屏幕上提的问题，并以问题来结束演说。这是演说中一种非常好的小结形式。在最终感谢观众之前，对观众发出了行动的呼吁。

- 在这个地方，还有谁是活跃的、有影响力的机构或个人捐助者？
- 这些伙伴能增加相关活动的影响力吗？
- 我们是不是可以做得更多来让受助者和捐助者取得成功？

@shenarashley | #GIHAC

认清真相

认清真相
批判性思维的应用指引

这些幻灯片有助于说明10个先入为主的错误

10个先入为主的错误

分歧 悲观 僵化 绝对 恐惧
泛化 固执 刻板 批评 仓促

这组幻灯片可以在Gapminder网站上免费下载，它是简单设计理念的一个很好的例子，并概述了汉斯·罗斯林等著的《事实》（*Factfulness: Ten Reasons We're Wrong About the World—and Why Things Are Better Than You Think*）一书。每张标题幻灯片展示了10个要点中的1个，分为3个步骤进行阐述，如左侧3张幻灯片所示。Gapminder是我非常喜欢的一个网站。除了这组幻灯片，Gapminder还在其网站上提供了许多免费的幻灯片组，这是一种无价的资源。这些幻灯片已经在公共演讲和TED演讲中展示了多年。

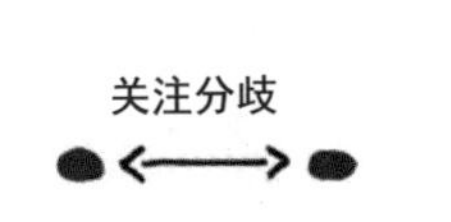

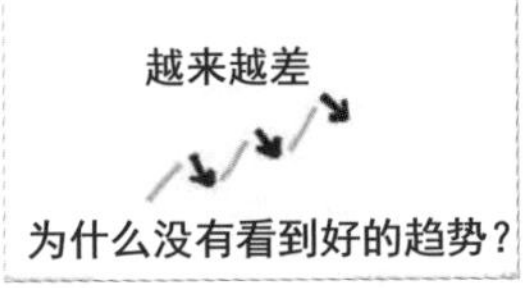

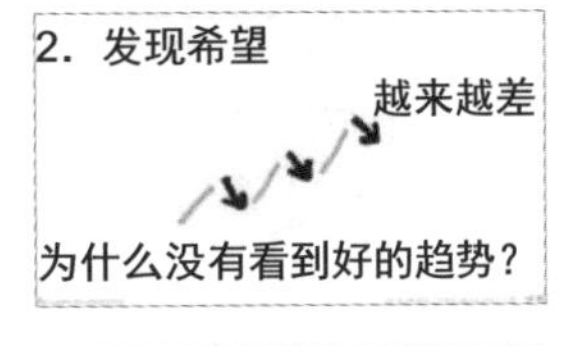

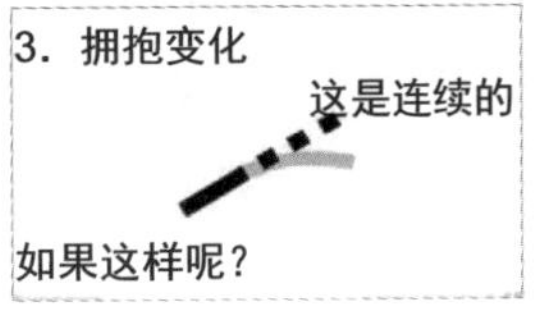

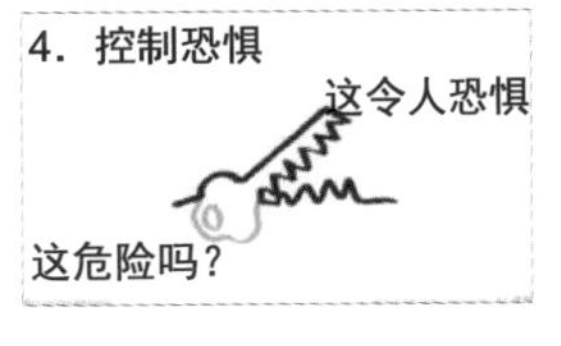

很大

很大
大是对于什么而言的？

5. 选好参照物
很大
大是对于什么而言的？

一样

一样
你的分类有用吗？

6. 避免简单概括
一样
你的分类有用吗？

它一直是这样

它一直是这样
你能发现它细微的变化吗？

7. 关注细微变化
它一直是这样
你能发现它细微的变化吗？

解决方案

解决方案
有其他方案吗？

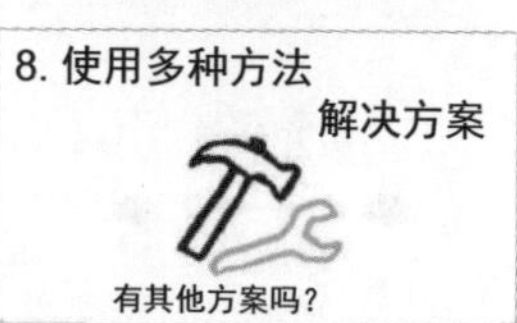
8. 使用多种方法
解决方案
有其他方案吗？

坏人

坏人
是不是还有其他解释？

9. 拒绝批评
坏人
是不是还有其他解释？

现在或者永远不

现在或者永远不
我们可以分步骤推进吗？

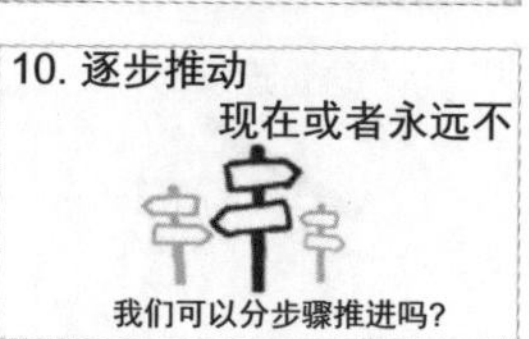
10. 逐步推动
现在或者永远不
我们可以分步骤推进吗？

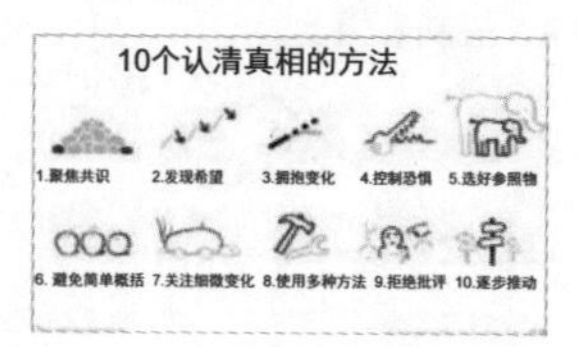
10个认清真相的方法
1.聚焦共识
2.发现希望
3.拥抱变化
4.控制恐惧
5.选好参照物
6.避免简单概括
7.关注细微变化
8.使用多种方法
9.拒绝批评
10.逐步推动

10条错误的经验法则
分歧
悲观
僵化
绝对
恐惧
泛化
固执
刻板
批评
仓促

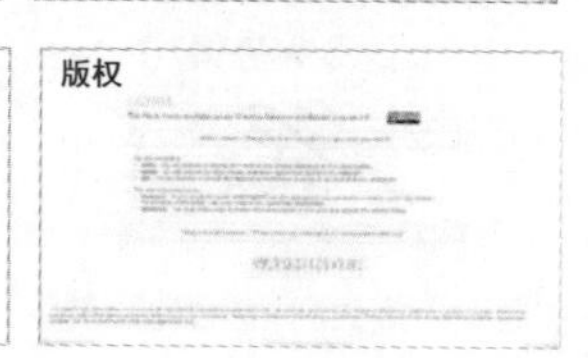
版权

日本温泉礼仪

我用这些幻灯片为访问日本的大学生做了相关介绍。这些幻灯片是对我简短演讲的补充，但是由于主题简单，以及每个幻灯片显示一个要点，如果打印出来就能被理解（只是缺少些重要的细节）。我使用了矢量图形，因为它们可以在不降低质量的情况下随意调整大小。我选择了合适的背景和文字颜色来搭配原创艺术作品。简单的元素和颜色在整个版面上重复出现，营造出统一、简单、明亮的感觉。

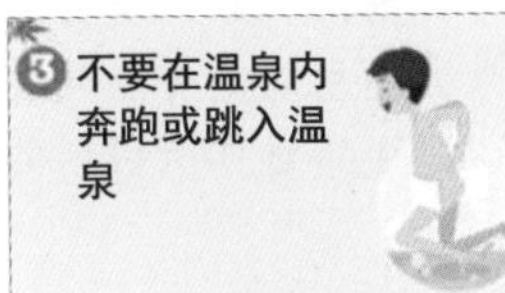

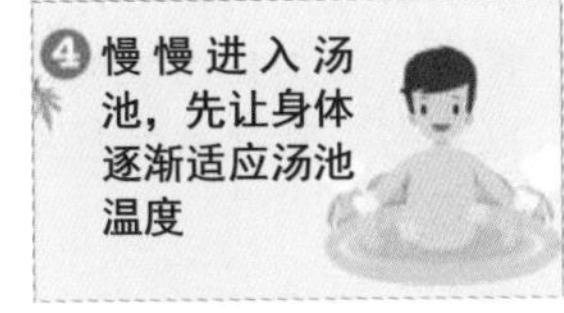

当你准备起
身离开时

高橋
メソッド

プレゼン
テーションの
一手法

特徴

巨大な
文字

高桥流简报法

高桥征义（Masayoshi Takahashi）
日本东京，网络应用程序开发员

高桥征义是一名程序员，开创了在日本技术大会上做演示的新法。我在本书的第1版就介绍过他的方法。他在幻灯片中仅仅使用文字，而且这些文字的字号都很大！每张幻灯片上只有寥寥数字。他说，他的目标是使用简短而不是冗长的文字或短语。这种方法被称为“高桥流简报法”，高桥认为，在演示时要采用类似报纸上的标题而不是完整语句的形式。他的幻灯片上虽然只是只言片语，但是如果你看得懂日语，便会即刻明白其中的意思，从而为他的演说起到支撑的作用。正如他所说的，如果你选用的是要点列表或语句，观众就会仔细阅读，而错过你所讲话的内容。

簡潔な
言葉

歴史

PowerPoint
は持ってない

HTML

文字だけ
で勝負

せめて
大きく

利点

4つ

(1)

見やすい

(2)

表現が
簡潔に
なる

(3)

発表
しやすい

涂鸦者们，团结起来!

逊尼·布朗

逊尼·布朗是一位畅销书作家，视觉思维专家，也是涂鸦革命的领导者。2011年，TED的制作人决定腾出时间做一个6分钟的演讲。逊尼是第一个在TED上做6分钟演讲的演讲者之一。准备这样一个简短的演讲是一件困难的事情。“我在4个月的准备时间里几乎每天都在设计，直到完成了6分钟的要求。”她说，“在创作我所做过的最短演讲的过程中，我尝试了几十个开头，几十个结尾，还有几十个路径，试图让开头和结尾有效地连接起来。我有大量的研究要浓缩。”逊尼最终精心制作了一个简单的故事来传达她要表达的信息。就她的话题而言，逊尼的幻灯片全是在电子画板上进行手工绘制的，很好理解。

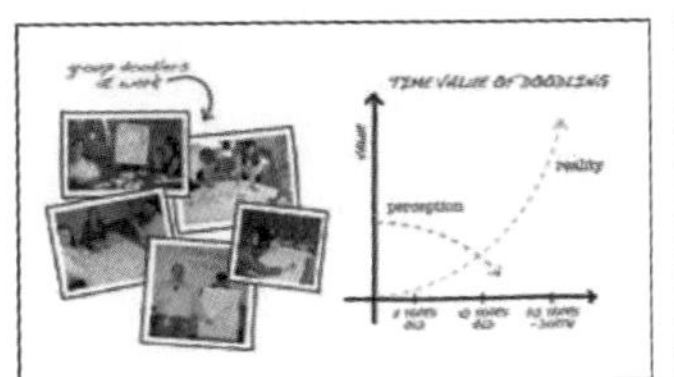

to do... nothing.

"While leaders of the free world were solving [big problem]... [important person] was caught doodling."

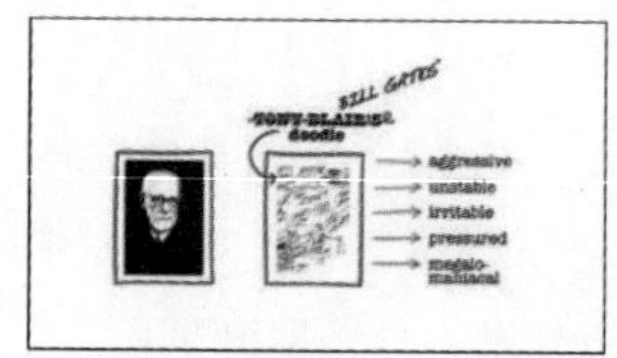
BILL GATES'
TONY BLAIR'S doodle
aggressive
unstable
irritable
pressured
megalo-maniacal

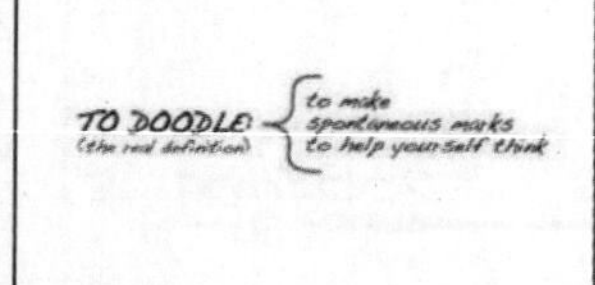
TO DOODLE
(the real definition)
to make spontaneous marks to help yourself think

29% greater retention

visual
auditory
emotion
reading/writing
kinesthetic

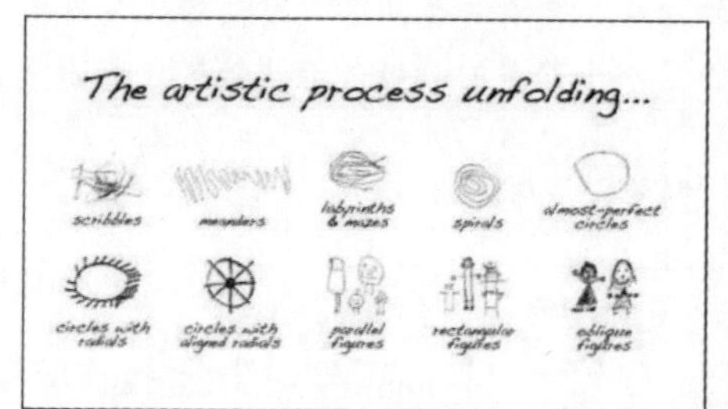
The artistic process unfolding...
scribbles
meanders
labyrinths & mazes
spirals
almost-perfect circles
circles with radials
circles with aligned radials
parallel figures
rectangular figures
oblique figures

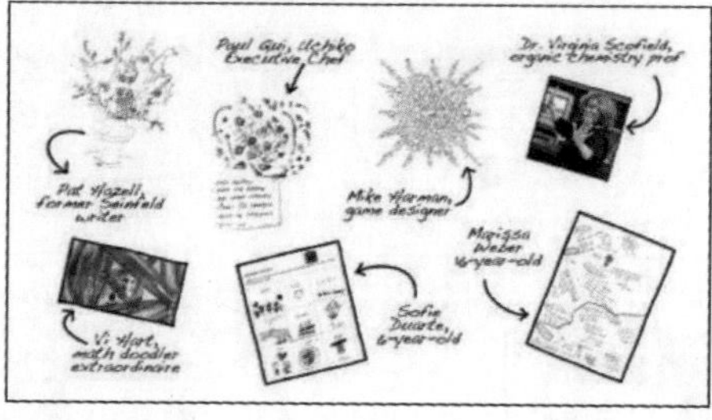
Paul Qui, Uchiko Executive Chef
Dr. Virginia Scofield, organic chemistry prof
Pat Hazell, Former Seinfeld writer
Mike Harman, game designer
Marissa Weber 16-year-old
Vi Hart, math doodler extraordinaire
Sofie Duarte, 6-year-old

Lyndon Johnson
Thomas Edison
Barack Obama
Harry Truman
George Washington
Pablo Picasso
Richard Nixon
Frank Gehry

JOIN THE Doodle REVOLUTION

医学研讨会上给人留下深刻印象的医生

安德里亚斯·艾因菲尔德特（Andreas Eenfeldt）是一名来自瑞典的医生，这个身高6.8英尺的小伙子，对以与众不同的方式进行演说非常感兴趣。我在巴黎举办“演说之禅”研讨会时结识了他。他承担着重要的工作，利用自己的知识和经验来挑战传统智慧，促使其发生改变和给人们带来影响。从这个角度讲，他是一个楷模。他说：“是时候该进行一场健康方面的革命了。”为了能够发起这场革命，他很早便意识到，吸引人的演说技巧对于传递信息来说是十分必要的。他在2011 年遗传健康医学研讨会上就做了一场令人印象深刻的演说。

我非常喜欢安德里亚斯在研讨会上做的演说。他赢得大家关注的原因有许多：演说内容流畅、结构清晰，论据充足。通过讲述他朋友的真实故事，以及援引相关数据和专家的看法，来共同支撑他的观点。安德里亚斯过去并不是一位出色的演说者，于是，我询问他是如何进行转变的，他说：

> “枯燥的演说在医学领域并不少见，相反，它们就是所谓的标准做法。当然，这也许不是一件坏事，因为任何一些细小的改进就能令你在如今的演说中脱颖而出。早在2008年，我就开始做一些低碳营养方面的演说。那时我认识到，仅仅让观众阅读我的幻灯片并非最理想的做法。那时，我的演说水平还很糟糕。于是我开始在Google 和YouTube 上搜索和观看“演说”相关主题的视频。很快，我锁定了“演说之禅”的网站，并阅读了上面所有的文章、《演说之禅》系列书籍、南希·杜瓦特写的书籍，以及网站上推荐的其他书。从那之后，我用瑞典语总共做了150 多场演说，用英语做了4 场演说。就这样，经过短短的3年，我的演说水平有了长足的进步（第二语言也是如此）。这让我十分期待，再过10 年我的演说会变成什么样呢？”

至于演说的准备方面，他表示，自己通常会在白板上用报事贴进行头脑风暴，然后筛选出最重要的想法并进行分类，然后创建相应的信息内容，再将其进行合理的排序。这里列举了他在45 分钟的演说中使用的一些幻灯片。

这两张幻灯片是在演说开场时使用的，即陈述阶段。安德里亚斯用它们切入主题：肥胖症是近些年才出现的一种现象。

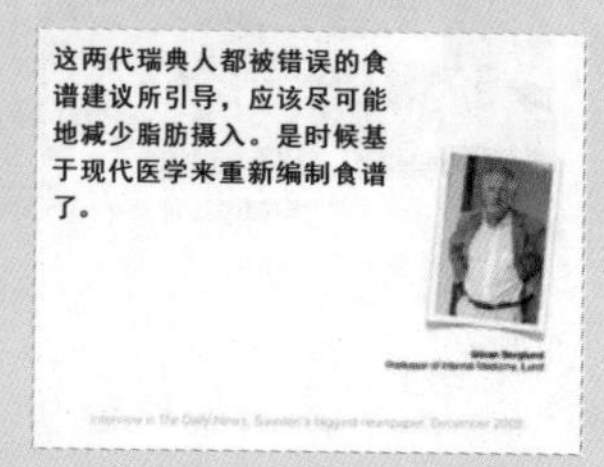

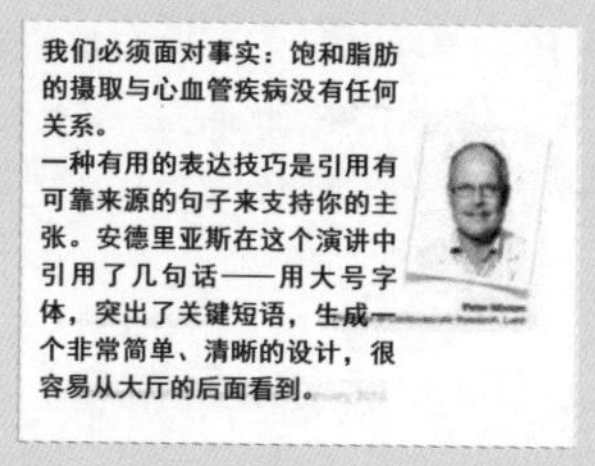

一种有用的表达技巧是引用有可靠来源的句子来支持你的主张。安德里亚斯在这个演讲中引用了几句话——用大号字体，突出了关键短语，生成一个非常简单、清晰的设计，很容易从大厅的后面看到。

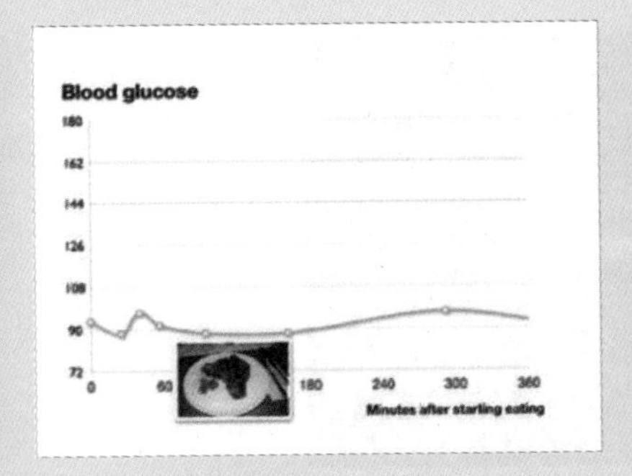

安德里亚斯在这里讲述了一个自身的例子。享用过家里烹饪的LCHF（低碳水化合物高脂）食物后，他测量了自己的血糖，如上面的右图所示，血糖值相当平稳。

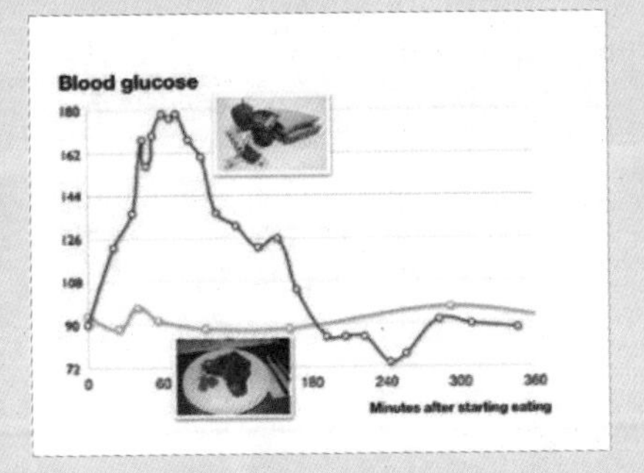

接下来，安德里亚斯给出了自己在吃完一份含大量糖分的高碳水化合物午餐后的血糖值曲线，与前者做了对比（见上面的右图）。这是他在斯德哥尔摩参加肥胖问题研讨会时会议方提供的食物，真具有讽刺意味。尽管只是他个人的经验，但是仍然非常有说服力。4张图片摆在观众面前，简单、清晰、直接。

什么是创新

克莱门特·卡扎洛特

我在几年前法国巴黎的一次会议上遇到了克莱门特·卡扎洛特。他的演讲总体上给我留下了深刻印象，尤其是他幻灯片的视觉效果。虽然这里只展示了几张幻灯片，但你可以看到，他所有的幻灯片都是手绘的。这使他的演讲在视觉上与众不同，这在当时是一种不常见的技巧，现在仍然如此。你可以用平板电脑来手绘幻灯片，但克莱门特用的是真正的笔记本，只是在白纸上用黑墨水绘制。然后使用一个照片编辑程序将颜色反转。瞧！图形文字就变成了白色的，同时背景换成了黑色。

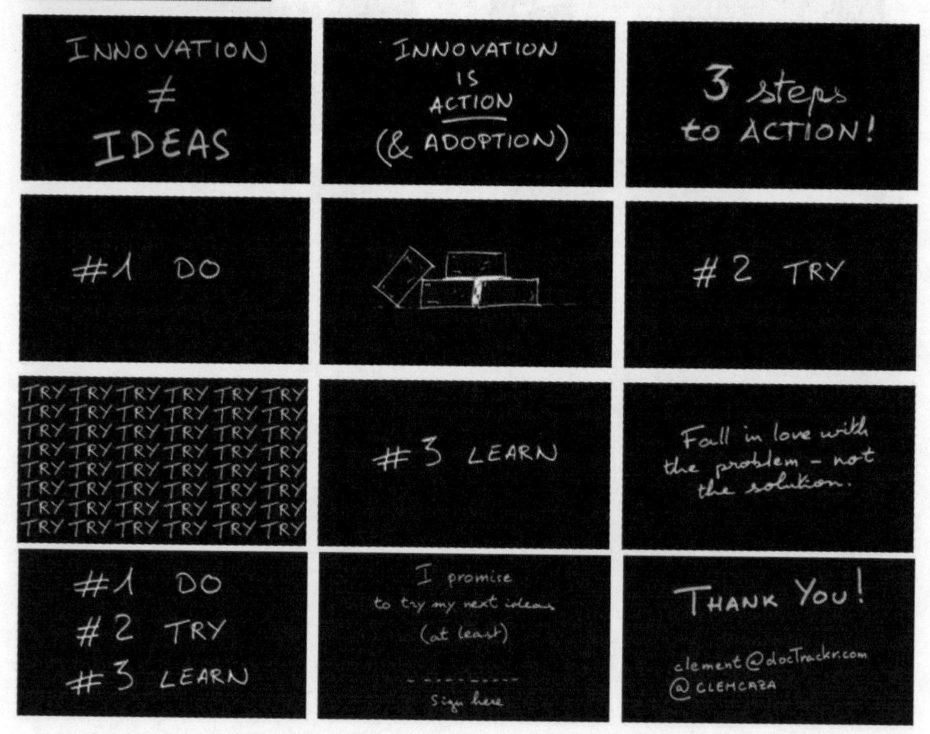

21世纪学生的演说学习

最近，我在日本被邀请用英语（虽然提供了翻译）给几百名老师做一个关于学生学习的演说。礼堂的屏幕非常大，宽高比为16：9，通过使用大号的字体可以达到影院般的视觉效果。这只是100张幻灯片中的前25张。

The
4 Cs
4つのC
Critical Thinking
批判的思考
Communication
Creativity
Collaboration
21st century learning also means...
21世紀型の学びとは
Less time spent sitting & listening
More time doing & moving
より多くの時間を、実際にやってみることに使う
More time doing & moving
より多くの時間を、実際にやってみることに使う
More time doing & moving
より多くの時間を、実際にやってみることに使う
I hear and I forget.
I see and I remember.
I do and I understand.
やったことはわかる
Why student presentations?
なぜ生徒によるプレゼンテーションなのか?
Visual Literacy
視覚的能力
Critical Thinking
批判的思考
Communication
Information & Media Literacy
情報メディア能力
Creativity
Collaboration
Student presentations stimulate:
プレゼンテーションによって刺激される能力
Curiosity 好奇心
Exploration 探究心
Wonder 不思議
Imagination 想像力
Independence 独立心
Students teach other students.
プレゼンテーションで互いに教え合う
"Nothing clarifies ideas better than explaining them to others."
Student presentations improve:
Communication skills
Analytic skills
Visual literacy
Creativity
Leadership skills
Teachers too can improve their visual literacy & presentation skills.

比尔·盖茨在巨大的、冲击力强的幻灯片背景前进行演说。

这一步完成了，准备下一步吧。你还觉得复杂吗？

——大卫·巴德（David Bader）

本章要点

优秀的幻灯片能够强化演说者表述的信息。从技术角度而言，本章展示的这些幻灯片的制造要求并非高不可攀，设计者都使用了演示编辑软件。尽管幻灯片的设计样式应该根据主题、观众以及现场情况的不同而加以区别，但是设计过程中，以下几点需要注意：

- 幻灯片设计要简约，突出关键内容，以吸引观众。
- 幻灯片的设计要考虑黑暗情况下的投影效果，要让观众清晰、容易地看到幻灯片的所有元素。
- 幻灯片的主题要明确，避免使用老套的模板。
- 限制使用或者不使用要点列表式的幻灯片样式。
- 使用高质量的图片。
- 使图表更加生动、全面，并支撑你的观点。
- 用最少的元素来获得最大的呈现效果。
- 发现并使用留白，让画面更简约。

呈现

8

全身心投入

当我们与那些心不在焉的人交谈或会晤时，总会感到心中不快，原因是对方魂不守舍，人在曹营心在汉。但与此同时，对于那些演说者不投入自己演说的行为，我们却已经习以为常了。做演说的那一刻需要全身心投入，这一点非常重要。优秀的演说者在演说时都能全神贯注、思想集中，在那个时间和场合，全身心投入到与观众的交流中去。或许在此期间演说者正面临着一堆麻烦（谁没碰到过呢？），但是他们都能够将其暂时地抛在脑后，只专注于自己当前的演说。因此，做演说时脑子里不要想着与演说无关的事情，那样只会干扰和分散个人的注意力。如果一个人在想着其他事，这时尝试和他进行真正意义上的交谈是不可能的。同样地，一个人如果无法全身心地投入演说之中，要想使演说获得成功也是不可能的。

禅宗的正念之道值得世人学习和借鉴。你可能知道，正念与静坐冥想或坐禅有关。但有趣的是，禅并不是脱离现实生活。也就是说，除了“精神修炼，禅宗的哲学同样适用于人的日常生活。该行为并不是对现实的一种逃避，事实上，人们在处理日常问题时都需要建立正念。如果明白个人的行为和判断是来自大脑的自发反馈，我们就会很自然地做出判断。因此，与其心里讨厌和排斥洗碗，不如安心坦然地接受洗碗。写信时，脑子里就应想着写信；做演说时，脑子里就应该想着演说。

正念就是保持觉照，清醒地感知当下的存在状态。在这一刻，那些平常的纷扰都不存在了，我们不用去考虑过去和未来的那些事应当怎样或者会怎样。尽管“修行”的过程艰难，但正念适用于人们所做的每一件事。如今我们的生活有些疯狂：频繁收发电子邮件或短信、忙于上网，就连被堵在去接孩子的路上时，还不忘用手机打电话预订晚饭。我们如今需要考虑和担忧的事情太多太多，而忧虑恰恰是最糟糕的。因为人们担忧的往往是过去和将来的事情，而这些现在都不存在！因此，我们在日常生活和工作中包括在演说时需要时刻清理大脑中的思绪，使其只处于感知当下的清醒状态。

（来源：贾斯汀•沙利文/iStockphoto网站）

史蒂夫·乔布斯与剑道

在第5章我们提到过史蒂夫·乔布斯简约而充满魅力的演说艺术。他所设计的幻灯片总是那么简单易懂，却又极具魅力和视觉感染力。此外，他能够流畅、天衣无缝地播放和使用他的幻灯片，以至于有时观众根本察觉不到是他在控制。他的演说风格则是对话式的，使得幻灯片画面与语言搭配协调，相映成趣。史蒂夫·乔布斯所做的每一场演说无不建立于牢固的框架之上，使得演说有如行云流水般流畅，仿佛他带领着观众进行一段段美好旅途。他友善、自然、自信（这会让观众感觉轻松），流露出的激情和热情也拿捏得恰到好处。

这一切看起来是多么自然，似乎轻而易举就能做到。但如果你认为这都是史蒂夫的天赋，他天生就能自然而然轻易地用自身魅力迷倒观众，那你就错了。他的确拥有非凡的个人魅力，但我觉得，借助多媒体手段（幻灯片、演示视频等）做好演说绝不是一件自然而且容易的事（又有多少CEO 能够做到这些？）。实际上，史蒂夫·乔布斯的演说之所以能够如此出色，一切还得归功于他和他的团队疯狂的准备与操练。这才是他的幻灯片看起来那么“简单自然”的真正原因。

当乔布斯站在台上时，从某种程度上来讲，他就是一位艺术家。和所有其他艺术家一样，通过辛苦的操练和丰富的实践，他使自己的演说技艺趋于完美。此外，作为一名训练有素的艺术家，他在展示技艺时已经不再着眼于技艺本身或形式，甚至不再受困于结果之成败。这就好比日本剑客，如果在习剑时一心想着如何运用剑术或成败与否的问题，则注定会输给对手。这听起来有些似是而非，但是当一个人在进行某项艺术行为时，但凡思绪飘到诸如成功与否或技艺本身等问题上时，他就已经迈向了失败。乔布斯的演说方法再一次告诉我们：心无旁骛是制胜的法宝。

无心

日本的剑客在习剑时，一旦达到虚空的状态（即无心），便不知恐惧、无虑成败，甚至忘却如何挥剑。正如铃木大拙（Daisetz Suzuki）在《禅与日本文化》（*Zen and Japanese Culture*）一书中所述：“（那一刻）人和剑都成了无意识的工具，这种无心的状态催生了奇迹的发生。剑道因而成为一门艺术。”

剑道的秘诀在于超越技术本身，达到“无心”的境界。诚然，如果想投入任何一门艺术或一项体育比赛之中（想象一下老虎伍兹），那就必须去除扰人的自我意识，全身心投入。用铃木大拙的话说，就是“那一刻仿佛周遭事物全然消失”。一个人如达到了“无心”的境界，便不再受各种猜疑和禁忌所累，从而在某时某刻将自己全心顺畅地投入。艺术家、音乐家以及高水平的运动员皆懂得“无心”的境界。

史蒂夫·乔布斯在做演说时并非没有压力，媒体各界以及苹果公司上下对他的每次演说寄予了很高的期望。但当他在现场做演说时，似乎忘却了事情的重要性，全然只顾自己“表演”。这正是剑客“无心”，置生死于不顾的境界。他让大脑的思绪冷静下来，全身心地投入演说。正如铃木大拙所说的，“海水在不停地流动，月亮却保持着它的宁静。大脑要对不同的情形做出反应，同时保持内心的平静。”

技巧上的训练自然十分重要。但除非达到了一定心境，否则这些训练总给人矫揉造作的感觉。“除非把心境调整到无心或完全自然的状态”，铃木说，“否则任何习得的技艺都会显得不自然而且无力。”我承认好的导师和相关书籍的确能够提高演说方面的技艺水平，但与其他表演艺术一脉相承的是，要想达到“无心”的境界最终还得依靠自己领悟。

你需要掌握技巧和适当的形式，也需通晓“规则”并勤于操练。如果能在演说的准备阶段付出足够的努力，并真正领悟“无心”的境界，你便可以自然地施展演说技艺，出色地完成每一场演说。

忘我

你是否在演说中曾达到过“忘我”的境界？所谓的“忘我”是指沉浸在眼前这一刻，不牵绊于过去或将来的烦恼，你和观众一样，对于演说内容兴趣盎然，共同陷入如痴如醉的状态。这样才算是和观众建立起了真正的情感纽带。

在《假如你想写作》（*If You Want to Write*）一书中，作者布兰达·尤兰（Brenda Ueland）就谈到了“忘我”的重要性。他指出，忘我的状态不仅有益于充分发掘创造力，还能对观众产生积极的影响。同时，在演说中运用创造力以及全身心投入其中的行为，更多是发自内心，关乎于直觉而非智力因素所致。乌兰德在书中还将这种创造力和联系比作一场精彩的音乐会。

音乐家在演奏钢琴等乐器时，陶醉其中。他们的目标不是重复乐谱上的音符，而是要奏出美妙的旋律。也就是说要沉浸其中，而不是将自己与音乐分离。杰出的音乐家在演奏时无不沉浸和陶醉于自己的音乐之中（即便可能在技艺上并不十全十美）。做演说也是这个道理，演说者需要全身心投入其中，达到忘我的境地。你可能在演说技艺方面无法达到完美，但是只要陶醉于演说，便可与观众搭起沟通的桥梁。

“只有当你真正沉浸于音乐之中时，”乌兰德说，“人们才能真切地听见你的演奏，并为之动容。”达到忘我境界的演奏是发自内心的，不做作、不虚假，令人信服，而仅仅凭借才能和遵循音乐规则（乐章、乐谱等）是根本无法做到的。因为，观众会因演奏者的感动而感动。演说又何尝不是这样？演说的内容会因为准备充分、富有逻辑而令人信服；此外，观众也会因演说者的投入而备受感染，随即也会沉醉其中。因此，演说者自身首先要完全相信演说的内容，否则如何叫观众去信服？同时，在整个演说过程中要达到“忘我”的境界。

“海水在不停地流动，月亮却保持着它的宁静。大脑要对不同的情形做出反应，同时保持内心的平静。”

——铃木大拙（Daisetz Suzuki）

向柔道取经

关于如何做一场精彩的演说，从意想不到的领域能找到一些方法。下面这些原则可以帮你进行精彩的演说呈现。请看以下5条原则：

1. 仔细观察自身和他人，以及各自所处的环境。
2. 尽可能地抓住主动权。
3. 充分思考，断然行动。
4. 把握结束的时机。
5. 坚守中央的位置。

上述几条可谓是隽言妙语，但都不是我之前提到的有关演说设计的基本原则。实际上，这几条是约翰·史帝文斯（John Stevens）在《日本武道秘技》（*Budo Secrets* ）一书中概括的“柔道五项战略原则”。这些战略原则最初是由柔道创始人嘉纳治五郎（Jigoro Kano）所提出的。但是，我们不难发现，这些原则同样适用于幻灯片领域。比如，如果演说者懂得运用“把握结束的时机”这条原则，演说就会取得更好的效果。

有些时候，演说的时长会不同于预先的设定，这时就需要遵循第1条原则——细心观察自己和观众的情况，并及时做出调整与决定。当然，这些只是最简单的例子。嘉纳治五郎在19 世纪创立了柔道。尽管这项运动和禅宗没有直接的联系，却体现了不少禅宗的思想精髓。我对那些致力于柔道的人钦佩不已。柔道不仅仅是一项体育运动，对于那些柔道练习者来说，他们从中获得的教训、智慧以及经验对生活的许多方面都产生了深远的影响。

冈崎（H. Seichiro Okazaki）先生在谈及柔道的精髓时说：“只有培养包容开放的思想，同时摒弃传统的固化思维，我们才能避免盲从和抵制，自发地做出反应与决策。”

这个思想不仅仅适用于柔道。回顾一下你最近做过的一场有挑战的演说，或许你在演说过程中遇到了比想象中更多的困难，在面临具有挑战性的问题时，你能否“自发且自然地做出反应，而不是盲目地抵制”呢？就我个人的经验而言，当一个带着怀疑、猜忌甚至恶意的观众以刁难的问题向我发出挑战时，自然、友善的回答往往比恼羞成怒更加有效。呵斥或抵制的做法很容易，但那会让演说者的表现大打折扣。

在压力下演说

有些时候，你会遇到一些不怀好意的客户或观众，他们更希望看到你出丑，所以故意刁难你。这种情况在现实中绝不罕见。如果是这样，请你记住关键一点：他们不是你的敌人。如果真有敌人，那也是你自己。若真有观众选择做你的“对手”，那恼羞成怒或大发雷霆对你和其余观众也没有半点好处（90%的观众可能站在你的一边）。

对于柔道中的对手，嘉纳治五郎这样说：“让步于对手的强处，适应并利用它，并最终将它转化为自己的优势去战胜对手。”这使我回想起多年前做过的一场演说。那次演说总体进行得十分顺利，但是期间有一位观众总是起来用一些无关的评论打断我，并多次影响到了其他观众。我那次其实有理由向他发火，但最终还是忍住了。

当时我甚至感觉到，其余观众都以为如果他再打断我一次，我就会对他大发雷霆。老实说，如果当时真那么做了，他们也不会怪罪于我。但我没有，我对那位观众仍保持礼貌和尊重，丝毫没有任何恼火和愤怒的情绪（最后我也没使他对其他观众造成影响）。演说完毕后，许多观众纷纷夸赞我的处理方法。具有讽刺意义的是，尽管那个粗鲁的家伙几度想破坏我的演说，但最终却起到了相反的作用。如果我那时选择大发雷霆，恐怕只会让事态变得更加严重。相反，我最终克制住了自己，顶住了压力，也因此博得了其他观众对我的尊重。

投入与贡献

演说其实也是一种表演，而本杰明·赞德（Benjamin Zander）清楚地知晓表演的艺术。众所周知，他是波士顿爱乐乐团的著名指挥家，但你可能不知道他同时也是才华横溢的演说家。他博学多识，能力出众，在业余时间为公司或团体组织做有关领导力和变革方面的演说。

2007 年春，在返回大阪的路上，与我同行的丹尼尔·平克这样评价本杰明："如今优秀的演说者不少，但像本杰明这样在艺术领域还有所建树的人却不多。"当天，我就去书店买了由罗莎蒙德·斯通·赞德（Rosamund Stone Zander）和本杰明·赞德共同编写的《可能性的艺术》（*The Art of Possibility*）一书，读后颇为受益。作为演说者身份的本杰明在书中的箴言给我带来了久违的启迪。凑巧的是，在紧接着一个月的某天，当我为一家财富500强公司做演说时，惊讶地发现在座的观众无不知晓和赞美赞德书中简单却深刻的隽言妙语。可见，他们的影响力非同小可。

下面的话就是出自本杰明之口。虽然当时他谈到的是音乐方面的问题，但也同样适用于大多数幻灯片演说。

> "在这一时刻，这关键的时刻，我们要有所贡献，那是我们的职责。我们可不是为了让观众留下深刻的印象，也不是为了寻求下一份工作，只是为了贡献出我们的某些东西。成败与否不重要，关键是有没有做出贡献，全身心地投入一件事情之中。不要问'我会受到欢迎吗'或'我能博得他们的喜爱吗'之类的问题，而要问'我该如何多做一些贡献'。"
>
> ——本杰明·赞德

本杰明曾经这样教导那些年轻的音乐家们："我们要贡献自己，那是我们的天职……在场的所有人都会清楚，是你向他们传递了激情，做出了贡献。我不在乎你是否比身边的小提琴手或钢琴手演奏得优美动听，只要你投入到音乐中，贡献了自己，你就是最棒的！”

赞德的书中还说，别老拿自己和别人做比较，不要去顾虑自己是否合适做演说，或者是否别人能比自己做得更好等问题。在演说过程中，你只要清楚地告诉自己，你是观众的礼物，你所要做的贡献就是传达你的思想与信息。没有“孰优孰劣”的问题，只有当下的你。问题就是这么简单。

当然，并不是所有的演说都要你做出贡献，但大多数应该如此。实际上，我认为自己做过的所有演说多多少少都做了一些贡献。诚然，当你被要求与一群人（多数是门外汉）分享你所在领域的知识时，你必须认真考虑对于他们而言，什么是重要的，什么又是不重要的。同一个演说在做过多遍以后难度自然会降低，但你演说的目的不是让观众感叹你卓越、渊博的才识，而是真正与他们分享一些具有持久价值和意义的思想。

激情与冒险

在大多数情况下，尤其对于日本人来说，错误是最为忌讳的事。本杰明认为，如果音乐家过于担心比赛的结果，总拿自己去和别人做比较，那么他们将怯于冒险而无法成为杰出的表演者。只有通过犯错你才能发现自己的弱点，并在今后努力改进。我们时常因为害怕犯错而选择所谓的小心翼翼。长远来看，如果你想把事情做到卓越，那没有什么比踌躇不前更危险。本杰明建议，不要为犯下一些错误而灰心沮丧，相反，我们应该在每次犯错后欢呼雀跃，并举起双臂大喊“这太有意思啦！”思考一下他的这个建议吧。又一次犯错？这太有意思了！因为再次出现了学习的机会。不巧又被人打断演说？别慌，继续说下去！如果老担心会犯这样或那样的错误，又怎能全身心地投入到演说中呢？

音乐家仅仅知道如何演奏乐器或者不犯错是远远不够的。本杰明说，他们还必须通过演奏向观众传达音乐的深刻内涵。但凡演奏者融入音乐之中，富有情感地用心演绎时，观众必然会被打动。这不是用语言能达到的。本杰明还发现，一旦演奏者融入音乐以后，他们的全身仿佛流淌着跳动的音符，会随着它们一起摇摆，躯体仿佛受到了控制一般。于是，“用半个屁股坐着”的演奏情形在本杰明的脑中生根发芽。他鼓励人们成为那样的演奏者，即在演奏音乐时身体能够不知不觉地左右晃动起来。一位杰出的演奏者或表演者，但凡完全融入和沉浸在表演之中，他们根本无法用整个屁股坐着！他们会不自觉地舞动起来，从而与观众建立起情感上的联系。千万不要克制这种情感，释放内心的能量和激情吧！

你可以选择“保守”，小心翼翼地演奏从而规避错误，即“用整个屁股坐着”演奏。或者你也可以对自己说：“来吧，我要冒一次险！”于是大胆地在音乐中注入激情和情感、色彩和力量，并以独特的方式（始终用半个屁股坐着）改变一切。用心演绎音乐，与观众建立沟通，从而改变自己。本杰明曾这样鼓励一位才华横溢的音乐学生：“如果你用‘半个屁股坐着’的方式演奏音乐，那（乐团中的）其他人将无法抗拒你的力量，这种力量将会激励他们用心演绎。”

爵士乐钢琴家 约翰·汉纳根博士在日本大阪的一家流行爵士乐酒吧投入地表演。

放轻松

本杰明经常教育他的学生，奏乐时要放轻松，一旦你放轻松了，周围的人也会变得轻松起来。他这样说并不是鼓励他们别把演奏当回事（实际上应该严肃对待），而是应该学会超越自己。也许没有什么更好的办法比幽默能让我们放轻松了。

哲学家罗莎蒙德·赞德说，我们自出生以来就被一堆条条框框所禁锢，总担心着自己是否会缺少关爱、缺乏食物等，似乎这就是我们所处的世界。她把这种行为称作“过度思量”。在感情匮乏、竞争激烈、攀比日甚的环境下，“人不得不考虑过多的事情，太把自己当回事”。无论你多么成功，多么自信，但凡有“过度思量”的举动（老和别人比这比那，又担忧自己比不上别人），你将变得不堪一击，并面临失去一切的危险。

因此，我们的目标是克服“过度思量”，摒弃那个生活在忧虑恐惧中的自我，转向一种更加健康的生活态度，一个富足、完整、充满机会的世界。这样，我们才能被赋予一双看清“世界和自身富有创意的本质”的慧眼。当我们认清个人终究无法控制世界，无法把自己的意志强加于别人时，便向超越自己迈出了第一步。

当你学会放松心情以后，罗莎蒙德说，你会发现自己并不易于屈服，凡事也能处理得游刃有余，而且乐于接受未知事物、新思潮和其他的影响。与其在人生的河流中苦作抗争，不如顺应其流淌轨迹，和谐地融入其中。只有那样，你才能使周围的人感到，你并不渴望那些幼稚的需求、权利或算计；相反，你是一个满载信心、有益于甚至能够启迪他人的人。从这种意义上来说，每一次的演说岂不是展示自己积极一面的绝好机会？

本章要点

- 就像面对面沟通一样，演说需要全身心投入。
- 像日本的剑道一样，演说需要达到“无我”的境界，即不忧胜败，无虑过去与将来。
- 演说中犯错并不可怕，但是不应受绊其中，更不要患得患失，要完全沉浸在演说之中，与观众分享一切。
- 精心的准备和练习能让演说简洁、自然和流畅。排练次数越多，对自己越有信心，观众越能理解演说的内容。
- 尽管有周密的计划，在投入演说的同时，还需要做好一切都可能发生问题的准备。

9

建立沟通的纽带

如何与人建立沟通的纽带，这里面的绝大多数方法并非从学校开设的演讲课或交流课上能够学到，而是源自我多年以来作为表演者以及观众所积累的经验。我从17 岁就开始到爵士乐队做鼓手，并用挣来的钱供自己至大学毕业。我不在乎技术上能将音乐表现得多么完美，但我清楚地知道，对于任何优秀的表演者而言，他们和观众之间无不维系着一条坚实的纽带。

演奏音乐和做演说都是表演，只是形式不同而已。优秀的演说者和音乐演奏者在和观（听）众交流、分享情感的过程中，无不与他们建立着真诚联系。

我从伟大的音乐家的现场表演中所得到的启发是，音乐家如何利用音乐来传递思想，并与观众建立沟通的能力对于演出的成功是至关重要的。如果这方面很完善，最终的效果也远非是单纯的乐章演奏。因为音乐将所有东西都一览无余地展示给观众，让他们能通过视觉和听觉来感知。音乐之中没有政治，也不存在人与人的隔阂。观众能否被音乐打动是一回事，你是否真诚、用心地去演奏则是另一回事。观众的微笑、点头和跺脚等细小动作都在传递着你和他们之间的情感体验。这何尝不是一种交流方式呢？这种感觉太妙了！

演奏音乐和做演说实质上是相通的。无论是表演者还是演说者都需要和观众建立沟通的纽带，拉近与他们的距离。没有纽带关系，也就没有对话与交流。无论是介绍一项新技术或医学成果，还是在美国卡耐基音乐大厅演出，你都要努力与观（听）众建立真诚的沟通和联系。

演说又何尝不是表演者（即演说者）和受众（即观众）的互动呢？记住这一点：归根结底，演说中最重要的不是我们（演说者），而是他们（观众），以及所要传递的信息。

爵士乐、禅道与沟通的艺术

如果我可以向你道明禅的意义，那它就不是真正的禅。这个道理同样适用于爵士乐。当然，我们可以谈论它们或给它们贴上标签。通过语言，我们尝试探寻它们真正的含义，而这些讨论是有趣的、有益的，甚至是具有启迪意义的。但是，谈论一样事物并不代表真正的体验或经历。禅师需要体悟的事物，关乎的是当下。爵士乐的精髓也是如此，要求人们注重当下。不矫揉造作、不虚情假意，也不在这一刻身处其他地方或与他人为伴，当下这一刻，就在这里。

爵士乐的表现形式有多种，如果你希望至少能领会这门艺术的精髓，那就要去聆听1959 年迈尔斯·戴维斯（Miles Davis）发行的《泛蓝调调》（*Kind of Blue*）专辑。这张经典唱片的封面文案由传奇人物比尔·艾文斯（Bill Evans）执笔，他在此专辑中担任钢琴伴奏。在文案中比尔提到运用禅道的一门艺术——水墨画。

我总认为这张唱片存在着某种美学，向我们传达着约束、简约和自然的真谛。而这些正是演说之禅的精髓所在。沉浸于音乐中时，你听到的是自由而有序的自发演奏，这种看似矛盾的思想在研究了禅道或者爵士乐后便可真正领悟。自由而有序的自发性正是我们希望自己与观众进行演说时进入的一种状态。

你可以通过把爵士乐的精神运用到交谈中，与观众建立更融洽的关系。这里的“爵士乐精神（spirit of jazz）”，与人们通常说的“把事情弄得吸引人（jazz it up）”恰恰相反，后者的意思是对事物进行装饰或做足表面文章。而爵士乐精神展露的是真诚的意图。如果你做到了意图纯正、传达信息清晰，那么你就尽力了。爵士乐意味着去除所有的障碍，使观众能够领会你的表情（信息、故事或者重点）。但这并不意味着你必须直截了当，虽然这通常是最简单的办法。暗示和提醒同样具有强大的作用。不同的是，有意图的暗示和提醒是有目的性的，能够激发观众大脑的思考；而没有目的或不真诚的提示可能导致过于简化、漫无边际的谈话，甚至令人感到困惑不堪。

爵士乐通过简洁的表达和真诚达到化繁为简的效果，它有结构和规则，但同时也有更多的自由。总之，爵士乐是自然的，不会展露所谓的精于世故或古板态度。事实上，幽默和娱乐性同样是爵士乐的精髓。你也许是一位认真而严肃的音乐人或者是具有欣赏能力的粉丝，但是无论你属于哪一种，你都要明白，人需要欢笑和娱乐。娱乐对我们以及创作过程而言是自发的。人们在被灌输了正规的教育后会开始怀疑娱乐的“严肃性”。如果真是这样，那就意味着我们开始逐渐失去自我，包括我们的自信心和人性。我通过爵士乐和禅的对比发现，两者从本质上都具有结构性，需要不断操练，而且需要娱乐和欢笑这些不可或缺的元素。而这些元素同样也是演说时所需要的。

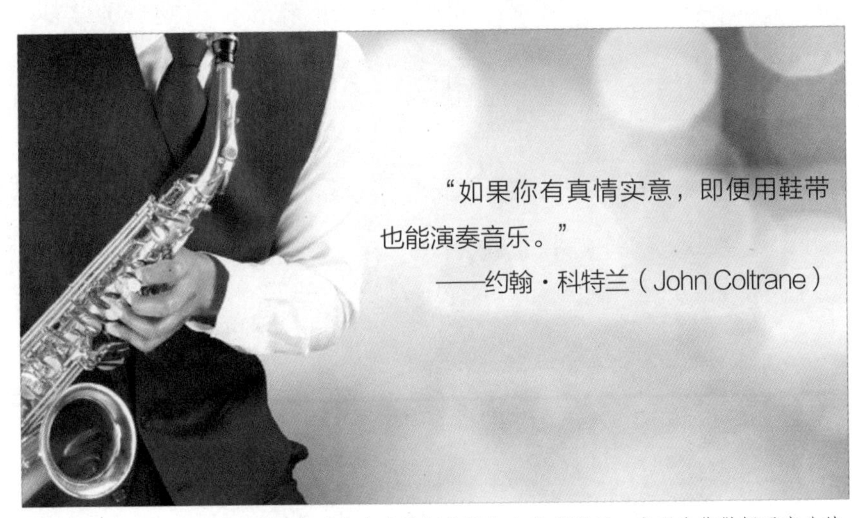

在大多数情况下，你不需要最新的技术或最好的设备来完成演示。表现出你做好了充分的准备，这比使用了所谓的技术更加重要。一场欠佳的演说不会因为使用了昂贵的设备而有任何的加分。对观众的真诚、诚信和尊重比技术和技巧重要得多。

完美的不完美人际关系

人就是不完美的。如今，电脑可以生成听起来与真实音乐家创作的难以区分的音乐，而录音棚早就能够从真实的音乐家的录音中清除在时间或音高上的瑕疵，哪怕是最微小的瑕疵。然而，现场表演之所以伟大，并不是音乐的完美，而是音乐家与观众之间的人性联系。大卫·格鲁（Dave Grohl）是“涅槃乐队”（Nirvana）的前鼓手，也是摇滚乐队喷火战机（Foo Fighters）的创始人、主唱以及吉他手。格鲁经常谈到不完美的人这一因素在优秀音乐中发挥的力量。他的话对音乐表演来说是如此，也适用于其他艺术，如公开演说和幻灯片演说。以下是他在2012年获得格莱美最佳摇滚表演奖时说的话。

> “对我来说，这个奖项意义重大，因为它表明，创作音乐时人的因素是最重要的。对着麦克风唱歌，学习一种乐器，学习一门手艺，这是人们要做的最重要的事情……它不在于完美，不在于所谓绝对正确，也不在于用电脑发生了什么。而是在于这里（你的内心）以及这里（你的大脑）发生了什么。”

后来，格鲁在一份新闻稿中澄清了一些事情，称他并不反对数字音乐。但他的观点是，音乐关乎的是与人相关的不完美的因素。格鲁说：“当一首歌的速度稍微加快，或者声音变得有点尖锐时，就会出现不完美。”而这些都让人听起来像是人所创造出的东西。随着科技的进步，这些东西在不知什么时候变成了“不好”的东西。多年来，数字录音技术使这些问题变得很容易修复。“结果呢？”在我看来，很多音乐听起来很完美，但缺乏一种个性，无法让人从一开始就为之兴奋。”从某种意义上说，人们被音乐吸引不是因为它本身的完美，而是因为它的不完美。人们被你和你的个性吸引，不是因为你很完美，而是因为你并不完美。

所有这些关于不完美的描述并不是建议你即兴发挥，也不是建议你对演讲可以漫不经心。是的，我们做了充分的准备，我们的目标是尽可能完美，因为我们知道真正的完美是不可能实现的。但是，如果我们追求那些我们可以称之为完美的东西，我们也许就能达到卓越。萨尔瓦多·达利曾说过：“不要害怕完美，因为你永远也做不到完美。”我们无法实现它，但是可以通过追求它尽可能达到一个卓越的水平，所做的这些努力，对我们面对的观众而言都是值得的。认识到完美是不可能的这一事实可以帮助我们放松一点，让我们活在当下，更接近一种完美但真实的人际关系。

开局很重要

为了能与观众建立沟通关系，应在演讲的最开始就吸引他们的注意力。《做个好口才的经理》（*The Articulate Executive* ）的作者格兰维尔·图古德（Granville N. Toogood）同样强调了所谓“快速出击”的重要性。他说：“要确保踩准第一步，快速出击切入主题。”我经常告诫人们，不要在演说一开始浪费太多的时间进行冗长的介绍或者与主题无关的谈话。开场是演说最重要的部分。你需要一个能够立刻抓住观众注意力的开头，使他们置身你的演说之中。如果你没能在一开始就“钓住”他们，后面的演说很可能化为泡影。

首因效应表明，演说中给人留下最深印象的是开头部分。在演说开始就与观众建立沟通关系的方法有很多，我在《裸演说》（*The Naked Presenter*）一书中曾做过介绍，包括个性化（personal）、出人意料（unexpected）、奇妙新颖（novel）、挑战权威（challenging）和诙谐幽默（humorous）。有趣的是，这些要素的英文首字母共同构成了“出击”一词（punch），即“出击式”的开场，倒也便于记忆。出色的演说至少具备这些要素中的一个或更多。让我们一起来深入了解一下“出击”吧。

个性化

让演说的开场更具个性，但它并不意味着啰唆的自我介绍和解释是受邀演讲的缘由。一个发生在自己身上的故事就可以起到很好的效果，只要它意义深刻、与主题相关、能够引出接下来的演讲内容就可以了。

出人意料

展示一些出人意料的事物，以此吸引观众的注意力。如果你将“感谢……我很荣幸……”等传统老套、观众预料之中的开场白改为其他的方式，那也会给观众带来不一样的感受和小小的惊喜。你可以引用某一句话、一个出乎大家意料的问题的答案或者有悖于传统概念的数据，这些都可以给观众带来惊喜。他们因此会变得更加清醒和机敏，从而集中注意力。管理大师汤姆·彼得斯（Tom Peters）曾说：“惊喜是必不可少的，例如讲一些鲜为人知的事实和看似违背大众常识的事件。若不能给观众制造惊喜感也就没有做演讲的必要了。”

奇妙新颖

讲述或展示一些奇妙和新颖的事物，以此勾起观众的兴致。例如展示一张罕见的照片，讲述一段鲜为人知的故事，或者公布一项最新研究结果。一种可能是，台下的观众都是天生的探索者，他们对新的、未知的事物具有浓厚的兴趣，但也有可能对某些人来说是一种威胁。但是，假设我们的环境是安全的，而且缺乏足够的新奇感，那么通过展示奇妙和新颖的事物将给观众带来新奇感，并产生十分积极的效果。

挑战权威

挑战传统的智慧或者观众的假设。当然，你也可以挑战观众的想象力：“如果我们能够在两个小时内从纽约飞抵东京，你觉得如何？你一定觉得我在开玩笑，是吗？实际上，已有专家声称这种可能性的存在。”通过一些“挑衅”的问题质疑观众传统的观念和想法，促使他们思考。许多演讲之所以不成功，原因是它的作用仅限于将信息从演讲者一方传递到了观众一方，却没能使观众积极地参与其中。

诙谐幽默

用幽默逗观众笑，调动他们的情绪。笑声能带来许多好处。观众哄堂大笑说明他们互相之间以及与演说者之间已经建立起一种联系，从而活跃了演说现场的气氛。笑声可以产生一种使全身感到放松的物质，有时甚至可以改变一个人的看法。有句话说得好，要知道观众听没听懂演说，看他们笑没笑就知道了。这句话是对的，但即使笑了也未必一定就是领会了你的意思。要注意，你的幽默要紧切主题，自然地融入演说中，而不是起到分散观众注意力和偏离话题的负面作用。

由于演说者往往会以一个蹩脚的笑话作为演说的开场。有人因而认为在演说中使用幽默并不是一种好的方法，但我在这里谈论的不是如何讲笑话。忘记笑话吧。相反，那些与演说要点相关的，并能引出话题和确立主题的尖锐讽刺、名人轶事或幽默小故事才是应有的演说开场。

演讲的开场有很多种，但是无论采用何种方法，千万不要浪费了演讲正式开始前与观众“热身”的那两三分钟时间。演讲的开局十分重要，因此我们要做到先声夺人。上述的“出击五招式”并不是全部和唯一的办法，但如果在开场中同时运用其中的几种，将对观众产生一定的积极影响。

蜜月期

吸引并保持观众对演讲的注意力并不是一件容易的事情。一般来说，观众希望你的演说能够取得成功，但是仍然只会在2 ~ 3 分钟的所谓蜜月期来决定对你演说的印象。即使是著名的演说家，包括名人，也只会从观众那里得到大约1 分钟的蜜月期，随后如果演说者无力再抓住他们的注意力，观众就会产生厌倦感。演说的开场容不得闪失。如果你的表现在一开始就令自己失望，那你也不能停止演说。脱口秀有句行话，叫作“演出必须继续。”人们会在起初的几分钟内就对你和你的演说形成自己的印象，你可不想在一开始就给他们留下“黔驴技穷”的不好印象吧?

不以道歉作开场

不要对观众说抱歉或者承认没有充分准备演说的事实。或许你真的没有做好充分的准备，而且你的道歉也是真诚的，并不是随便找一个借口，但是这对观众来说会造成很不好的印象，因为他们没有必要知道你是否做了该做的准备。既然如此，何必再向他们提你的准备情况呢？也许本来准备得也算充分，演说进行得也比较顺利，但是当观众听到演说的准备不够充分的坦白后，心里会想“那家伙讲得没错，他准备得确实不太充分！”

不要告诉观众你很紧张，也是这个道理。其实你看上去并不紧张，但是如果这么说的话……向观众坦言自己很紧张看上去是真诚的体现，但会给人造成不顾观众体会和感受的印象，因为那样不会使观众好受。

如何展示目录

除非你要做一个非常长的演讲，否则不建议在演说开始时就介绍演讲的目录结构。请记住，在演说的开始阶段，你只需要简单地说明一下你的要点，而没有必要让观众记住你的目录结构。但是没有目录也不行，你需要初步沟通关系，依据目录结构，带领他们一步一步深入。

在小乔治·史蒂芬的*Conversations with the Great Moviemakers of Hollywood's Golden Age at the American Film Institute*一书中，传奇导演比利·怀尔德在谈到经典电影《热情如火》的情节时，强调了结构和目录的重要性。

展示自己

在与观众建立联系时，不能太胆怯——你必须大胆地展示自己。在评估向观众展示自我（和传播演讲内容）能力时，需要考虑以下3个方面：着装打扮、走动的方式以及讲话的方式。观众正是基于这3个方面来判断演说者本人的形象以及演说中传递信息的有效性的。它们影响你是否能与观众建立有效的联系。

注意着装

你的着装很重要，至少应该比观众穿得正式一点，这是经验之谈。合适的着装对公司以及场合具有重要意义，不要担心过于正式，因为那样总比随意的打扮要强。虽然你不希望显得与观众之间有所差别，但还是要通过着装来展示自己专业的形象。例如，在硅谷，一个人的着装可以很随意，但是注重着装和精心打扮的人即使穿着牛仔裤、高品质的衬衫和皮鞋也可以给人专业的感觉。在苹果公司总部，如果看见身着商务装的人，一眼就能从人群中分辨他们。在东京，几乎所有场合，无论男女，身着黑色西服是最安全的着装法则。脱去外套和领带以及卷起袖子都会降低着装的正式程度，但要做到过于随意的着装也很难。因此，为保险起见和体现对观众的尊重，演讲时还是选择正式和专业的着装为好。

有目的地走动

如果可能，在演讲中应避免从始到终站在同一个位置。相反，应该在舞台或者房间内多走动，与更多的观众沟通。但是，这不包括前后踱步和在屏幕前漫无目的地走动，因为这样会干扰观众的注意力，并且显得你紧张且不自信也不够开放。如果有坐在房间另一侧的观众向你提出问题，那你要慢慢地朝那边的观众走去，表示已经注意到了他们，同时边认真聆听问题边走向房间的另一侧。只要观众能听见你的讲话，时不时地走进观众席是个不错的主意，前提是你有这样做的目的和必要，例如在你给观众布置的一项活动期间，回答他们提出的问题时可以走入观众中间。

当你从一个地方走到另一个地方时，步伐尽量放慢一些，走得稳一些。你可以停下来讲述一个观点，然后慢慢地走到另一处，直到再次停下来讲述另一个观点。紧张地直立或者双腿交叉站立会给人造成封闭、防御和迟疑的感觉；即便是放松地站立也会显得很不自然。因为所有这些动作中，你的身体站立不稳会投射出软弱、不可靠的形象。将身体靠在讲桌上的做法也不可取，因为那样会给人造成懒散和疲惫的印象。

大多数情况下，我们紧张时会加快动作的速度，包括手上的姿势。因此，为了表现出一个更加沉着、放松和自然的形象，我们需要时刻提醒自己把速度放慢下来。

面向观众

即便你背对屏幕，幻灯片在你身后播放，演讲时也没有必要回过头去看幻灯片。当需要面朝屏幕做手势的时候，尽量保持身体不动面对着观众，在看一眼后很自然地把头转回来。稍微转过身对着屏幕上重要的内容做些手势也是可以接受的。但是，仅仅为了提醒自己上面的内容而不停地看着身后的屏幕是没有必要的，那样只会干扰观众。除了在极少数情况，当你使用笔记本电脑来投影幻灯片时，将它放在前方较低的位置，也就没有再转过身看幻灯片的必要了。

目光交流

演说时之所以要面朝观众，是因为只有这样才能与观众进行目光交流。保持自然的目光交流很重要，这也是为什么我反对阅读讲义或者依赖笔记的做法。因为那样你根本无法再去看着观众的眼睛。演说时你的目光应该是自然和真诚的，因此需要与观众进行实实在在的眼神交流，而不是看着房间的后排或者其他角落，观众一旦发现与你没有目光交流，你们之间的联系就会削弱。

如果观众人数少于50 名，你甚至可以在演说中随着走动与每一名观众都进行至少一次的目光交流。而对于观众人数较多的比较典型的幻灯片演示，我们仍然需要挑选一些观众作为眼神交流的对象——哪怕是坐在最后一排的观众。当你看着某位观众的眼睛时，他身边的其他观众会感觉你也在看他们。专业歌手在举行大型演唱会时就经常使用这种技巧。但要注意，不要在整个房间里扫视或者很快地瞥一眼某位观众，而是要与坐在不同位置的某个观众进行实实在在的眼神交流。

上面两个图片中的演说者明显的问题是没有与观众进行目光交流。这是两种典型的错误：第一种情况是演说者躲在电脑之后，而且目光向下看着屏幕；第二种情况是演说者背对着观众，目光注视着屏幕。左下角的图片上是一个不错的示列。观众可以在看到幻灯片的同时，也能看到演说者的表情和手势，这让演说者和观众可以更好地进行连接。

演说者在演示过程中应该尽量让身体面对观众。当需要特别说明幻灯片上的某些特殊元素时，演说者也可以稍微转头。

但是演说者不能长时间面对幻灯片，而应该是在手指向幻灯片的时候，也尽可能地与观众保持眼神交流。

由于演说者没有将身体转向幻灯片方向，因此当演说者将手放下的时候，你也可以自然而然地重新面对观众了。

低头翻看手机现在已经变成一种全球性的姿势，暗示他人“我想溜号一下”。演说者通常不会喜欢观众不断低头翻看手机，同样观众也不会喜欢翻看手机的演说者。尽管演说时需要使用备注提示，但是我们还是应该尽量避免使用，与演示时用的提示手卡相比，手机上的屏幕更小也更不方便浏览。我是老派思想的人，可能已经脱离了时代进步。所以我在我的学生里面进行了调研，在接受调研的100名大学生里面，绝大多数不喜欢看到演说者使用手机进行演说提示。

声音洪亮

优秀的幻灯片演说与愉快的对话有着许多的相似之处。但是，喝着咖啡和三五知己谈话与午饭后给500名观众做演说之间还是存在着很大的区别。虽然对话和演说都是以交谈式的语气进行的，但后者对声音的要求显然更高。如果你满怀热情，那么这种能量会使你的声音变得更加洪亮。演说时轻声细语是绝对不允许的，但也没有必要扯着嗓子喊。大喊大叫的力量并不能持久，还会令观众感到不快。虽然大喊时音量确实提高了，但是声音的层次和抑扬感也一并丢失了。因此，演说时要做到人站直、声音洪亮、口齿清楚，并且避免大声叫喊。

演说时要使用麦克风吗？一般在教室或者会议室大小的地方给10 ~ 30人演说时没有太大必要使用麦克风，但在其他情况下则有必要使用。记住，演说时考虑和关注的不是你自己，而是台下的观众。使用麦克风能够使观众更加容易和清晰地听见你的声音。

许多人在演说时不喜欢使用麦克风，而是选择提高嗓门讲话。尤其是男性，他们似乎将不使用麦克风而依靠自己嗓音的做法视作男性强壮和坚定特征的体现。除非你是一名足球教练，需要在半场休息期间以大声叫喊的方式激励球员下半场更好地发挥，否则大喊大叫不是一个好办法。也不要像给军队发号施令一样地说话，而要以自然对话的口吻呈现自己的演说。麦克风不仅不会构成与观众建立沟通的障碍，而且还能推动演说者与观众进行更亲密的交流，因为在它的帮助下你可以发出自己最真实、自然和富有魅力的嗓音。

手持式麦克风仅适用于简短的演讲或者通告，比较好的选择是无线领夹式麦克风，即人们常说的“小蜜蜂”。它的优点是能够解放双手，尤其是当你需要一只手使用遥控器的时候。它的缺点也很明显，就是在使用者转头时会造成拾音效果下降。

最佳的选择是无线头戴式麦克风，TED 大会就是用这种类型的麦克风。它的拾音装置一般就在嘴边或者脸颊旁，且不易被观众发现，这样的优点是不会出现使用领夹式麦克风时衣服发出的摩挲声，同时无论使用者的头转向哪里都能确保拾音效果不受影响。如果有条件，那么演说时应选择使用无线头戴式麦克风。

TEDxKyto 的创立者和执行主席杰伊·克拉法克教授在2018年的TEDxKyto发表演说。隐藏式的无线头戴麦克风让他的声音非常清晰，也让他把双手解放出来。（照片来源：TEDxKyto组委会）

避免朗读幻灯片

沟通大师贝特·戴克尔（Bert Decker）鼓励演说者尽可能地避免朗读自己的演说内容。在《相信别人能够听懂你》（*You've Got to Be Believed to Be Heard*）一书中，他说："朗读是件枯燥的事……更糟的是，把要演说的内容一字不差地念出来会显得当事人不够真诚和缺乏热情。"这同样适用于幻灯片演示。许多年前，人们还习惯把屏幕上的幻灯片内容一行一行地念出来，这种做法现在还存在。不要这么做。在幻灯片中插入大量的文字，然后将它们大声朗读出来的做法只会更加疏远观众，并且难以与他们建立联系。

风险投资者、苹果公司前首席布道官（chief evangelist）盖伊·川崎鼓励人们在幻灯片中使用观众能够看清楚的大字号文字，他说："这样演说者就必须真正了解演说内容，然后在每一张幻灯片上插入几个核心文字。"2006年，在一屋子硅谷企业家面前，直言不讳的川崎先生谈到演说中朗读稿子的做法时这样说道：

"如果你需要在幻灯片中插入8号或者10号大小的字，说明你不熟悉自己的演说内容，如果你一开始就朗读上面的文字，也说明你不了解其中的内容。观众会很快认识到这一点并因此认为你就是个笨蛋。他们会不断地告诉自己，'快看，那个笨蛋又在朗读幻灯片了。我阅读的速度可比他念得快多了'。"

盖伊的这段话令人忍俊不禁，但他说的没错。如果你准备朗读幻灯片，那倒不如现在就取消演说，因为在那种情况下再与观众建立联系、说服或者教授他们新知识的任何努力都是白费的。在很多情况下，朗读幻灯片的做法绝不失为一种为观众们催眠的好办法。

让你的好想法广为传播……

我非常喜欢TED（技术、娱乐、设计）组织的演说活动。每年，来自全球最出色的思考者同时也是实干家都会齐聚一堂，逐个受邀上台做一场不超过18 分钟的幻灯片演说。由于只有短短的18 分钟，所以他们的演说非常简明扼要、紧凑切题。如果你也有不错的点子要与人分享，完全可以登台做一场演说。从那些在TED 大会上做过演说的人身上可以看出，现场幻灯片演说这门技能对现代人有着非同一般的重要意义。

TED 组织的优秀之处在于，他们从不吝惜向外界公开所有优秀的演说实况，并免费提供数量可观的高质量视频下载服务。他们会把最佳演说的视频（多格式）上传网络，供人们在线观看或下载（我曾利用早晨坐地铁上班的时间，使用iPod 观看了不少视频）。目前TED 网站上已有好几百场的演说视频可供下载，其数量每周还在不断增加。其所提供的视频，无论视频本身的效果还是演说的质量，都极为令人满意。TED 真正发扬了概念时代的精神：分享、无私、简化。你的思想如能为更多人所知晓，毫无疑问，其将变得更加强大而有力。得益于其所提供的高质量免费视频，对于那些演说的人而言，TED已成为拥有丰富资源，且影响力不容小觑的网站。

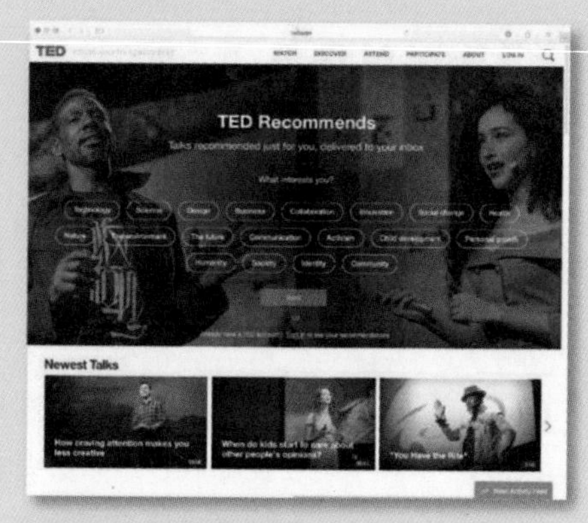

TED是一个非常好的资源库，这个网站里面包括有各种语言的演说，有一些还被翻译成多种语言。

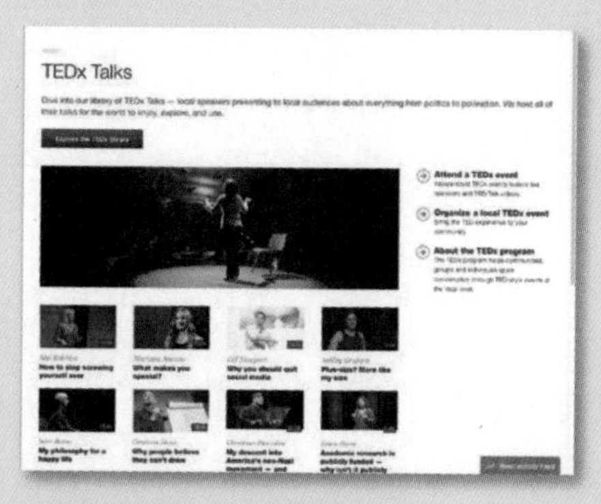

现在TED有很多非常吸引人的活动，你可以通过TED网站上观看这些活动视频。

汉斯·罗斯林：一个医生、教授和杰出的演说者

汉斯·罗斯林（Hans Rosling）是瑞典斯德哥尔摩医疗大学卡洛凌斯卡中心国际健康学教授，也是利用统计数据来讲故事的大师，而且还是Gapminder 这款免费软件的设计研发者之一。利用联合国的统计数据，罗斯林呈现了这个世界这些年的变化趋势——这是一个完全不同的世界。你可以登录TED 网站，观看有关他在TED 大会上做过的演说。通常人们认为，演说者不应该站在屏幕和投影仪之间，因为那样会遮挡幻灯片上的内容。但是，从这张图中你可以看到罗斯林选择走到了屏幕面前，仿佛他此刻融入了上面的数据，他以这种独特的方式向观众更好地传递了他的思想。

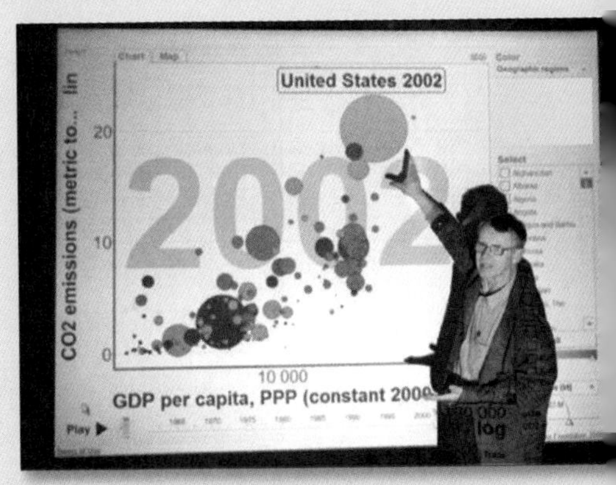

汉斯·罗斯林博士在演说中，将数据生动地呈现在观众面前。（照片来源：史蒂芬·尼尔森）

不幸的是，68岁的罗斯林教授在2017年9月7日于瑞典乌普萨拉去世。他的离世不但令他的家人和认识他的人惋惜，对TED社区或利用和分析数据的其他商业智能组织而言也是一个损失。罗斯林教授的工作成果被数以百万的人所了解，也被世界范围内更多的人所认识。我们很难估算这些年罗斯林教授的方法启发了多少人，通过对数据的模拟，把数据变化关系清晰地模拟出来，让他的演说正直诚实，清晰严谨。他是一个统计学、医学和科学方面的大师，也是一名超级演说家。

汉斯·罗斯林博士在家准备关于数据和动态变化的演说。（照片来源：约尔延·希尔德布兰特）

现在罗斯林教授的儿子欧拉继续在推进罗斯林教授开创的工作。欧拉·罗斯林和他的夫人安娜在Gapminder中把基于数据和事实分析的工作不断完善。Gapminder正为人们提供更多的数据呈现可能。

多多益善？

在演说中运用禅宗的思想能使我们沉下心来，着眼于当下，全身心地投入演说当中。然而，对于普通观众而言，他们大多无法像优秀的演说者那样，进入平静而投入的状态。他们在努力尝试集中思想聆听演说时，往往还会想着如何处理职业和个人方面的各种问题。这是令我们演说者很头疼的一个问题。通常来说，要使观众彻底地投入演说之中是不太可能的，就算我们的演说时间再短，他们也无法做到百分百的思想集中。有研究结果表明，观众能够保持思想完全集中的时间大约只有15 到20 分钟。经验告诉我实际时间可能比这还短。例如，公司CEO大多无法集中这么长时间去听你的演说。因此，学会控制演说的长度十分重要。

每次演说的实际情况各不相同，但通常来说，演说的时间越短越好。既然这样，为何如今许多演说者还要经常拖沓超时，或者明明已把该说的内容都表达清楚了，也不提早结束演说呢？这可能与我们长期以来所受的教育有关。我至今仍然记得大学教授在写作课的考试前这样提醒我们：“记住了，作文写得越长越好！”长期以来我们一直认为：一篇长达20 页的论文的得分要高于一篇仅有10 页的论文；一个包含25张幻灯片、每张布满12 行要点的演说要好于半小时内展示50 张具有感染力的幻灯片演说。这些学校里宣传的传统思维扼杀了创造力和智慧，抑制了思考，使人失去清晰表述思想的能力。而这些恰恰是促成演说成功的关键要素。就这样，我们把“多多益善”的思想也同样带到了职场。

过犹不及

日本人推崇一种养生之道，叫作“八分饱”原则。顾名思义，就是指吃饭吃到八成饱就足够了。这是个很好的养生方法，实施起来也不难。原因是，日本的食物分量通常要少于美国，加上日本人又是使用筷子夹着吃，避免了像美国人那样用大勺大把地往嘴里填，进餐的速度也会因此相对放缓。

当然，这个方法并不是鼓励大家浪费粮食，把剩余的二成食物留在盘子里。实际上，把食物剩下来是一个很不好的习惯。如果饭吃到八分饱而不是十分饱，那我会感到更加满意。至少我不会在餐后犯困，感觉自然也会更好。

“八分饱”的原则其实也可以运用到演说、演讲甚至是会议之中。我的建议是：无论给你的时间多长，绝不要超时；且在规定时间内稍微提早一点结束。演说的时间长度应该视具体情况而定，但最好将它控制在规定时间的90% ~ 95%。没有人会因为你提前几分钟结束演说而发牢骚。要知道，他们往往抱怨最多的问题不是演说太短，而是太长！

八分饱

我们总希望以高调的方式结束演说，让观众从中吸取知识、获得启迪或激励，并感到满意等，却殊不知有时根本不需要刻意去这样做。对于演说的长短以及其中的内容，我们也可运用“八分饱”原则。

即以我们最大的努力向观众做一场高质量的演说，但其中的内容不必太多，时间也无须过长，以免他们在演说完毕后离开时感到身心疲惫，思想混沌。

这张幻灯片的内容是我在去往东京的途中所买的一盒再普通不过的日式便当，你可以在日本的列车站旁轻易买到。日式便当简单、诱人、经济、适量。我通常会花上20~30分钟时间慢慢享用，随后再喝一罐啤酒，带给我愉悦满足却又不是十分饱的感觉。其实还能再吃一份，但我觉得已经没有那个必要了。事实上，我也不想再吃了。我很享受食用便当的过程，如果吃到十分饱，则反而会破坏我餐后的满足感。

多余的话语，哪怕只是一个词，也只会把本已饱和的大脑压垮。

——西塞罗（Cicero）

本章要点

- 演说的内容要翔实，结构要有逻辑，同时在演说过程中还应与观众进行交流和沟通，建立情感纽带。
- 演说时要表现得热情洋溢，精力充沛。虽然每次演说的情况各不相同，但是也没有理由把演说进行得枯燥乏味。
- 不要克制你的情感，如果你对准备的话题充满热情，就要向观众表现出来。
- 要让你的开场令人眼前一亮，可以用你个人的经历、新奇的事例、引人深思的问题、幽默的段子等与观众迅速建立起联系。
- 通过正确的着装、自信的举止、友善的眼神交流，以及热忱大方的口吻来展示自己的专业形象。
- 不要逐字来念幻灯片和过分依赖提示卡，试着脱稿演说。
- 记住“八分饱”原则和过犹不及的思想。

10

吸引人和打动人

我们常说，那些最能打动观众的才是优秀的演说家或公共演说家。评价一个好老师，其中一项也包括能否吸引孩子的注意力。不论是否使用多媒体手段，吸引人和打动人都很关键。但是，如果你问一百个人什么叫吸引人、打动人，则会有一百种答案。我认为，不论是什么话题，吸引人、打动人的根本是要触及和调动情感。这一点是关键，但却经常被人忽视。它关乎的是演讲者本人的情感，以及以真诚的方式将其表达出来的能力。在大多数情况下，所谓“吸引人、打动人”指的是调动观众的情感，使他们以某种方式参与演说。

人是情感动物。逻辑是必要的，但仅有逻辑是远远不够的。我们必须调动自己的右半脑，或者说有创意的那部分大脑。《职场秘密语言》（*Why Business People Speak Like Idiots*）一书的作者说道：

> “在商业世界中，我们的本能是以使用左半脑为主，通过建立观点，然后使观众服从于一大堆事实、数字、历史曲线图和逻辑……只是，这些事实依据总是与真实的你背道而驰，违背你的经历、情感或者认识。结局也许并不公平——事实一方每次都输。”

这的确不是我们希望看到的结果。观众会带着自己的情感、经历、偏见和固有观念聆听演说，当这些和演说者提供的数据和事实不匹配时，他们就会质疑。我们不能简单地认为数据本身就可以说明什么问题，哪怕它们在我们看来是多么有说服力。也许我们拥有最好的产品或进行了严谨的调查，但是如果用枯燥、乏味的幻灯片来呈现，也不会令观众信服。最优秀的演说者能够通过调动观众情感来打动他们。

情感和记忆

在演说中触动观众的情感，可以引起他们的注意。如果你通过讲述一个相关的故事，展示一张出人意料的图片或者一条令人惊奇（伤心或者感人等）的数据成功地调动了观众的情感，那么演讲的内容会在他们的大脑中留下更深的印象。当你的观众的情绪产生波动时，大脑边缘系统中的杏仁核会向人体释放多巴胺，后者非常有助于记忆和信息处理。如果你是一名销售人员，那试着问问自己你真正销售的是什么？不是这个产品的某个功能，也不是这个产品本身，而应该是这个产品为客户带来的体验以及相关的情感。比如，你销售的是山地车，那么在宣传时，你会重点阐述山地车的功能还是骑山地车时的体验呢？生动的故事和例子能够调动观众的情感，使其融入你的演说。

镜像神经元

镜像神经元是大脑中的一个神经元，它会在人们做着某事或者观看他人做着相同事情时发生作用，尽管你自己没有动，却好像做着你的观察对象正在进行的举动。当然，看别人做和自己做是两回事，但就人类的大脑而言，两者之间具有极为密切的关联。

镜像神经元或许与同理心有关，是一项重要的生存技巧。研究发现，当一个人处于某种情绪，而他发现其他人也处于同样的情绪时，在这两种情况下，其大脑的同一片区域都会变得同样活跃。但凡看到他人表现出热情、欢乐、焦虑等情绪，研究人员认为镜像神经元会将这些信息传递给控制情绪的大脑边缘系统。从某种意义上说，大脑中存在一个感知他人大脑思想的地方，它能够感知他人的感受。

我在一次关于市场营销的演说中使用了上面两张幻灯片，提醒人们重新思考他们销售的到底是什么，是一件物品还是与之相关的体验？
（图片来自Shuttersto网站）

如果我们具有感知他人感受的本领，那么，在我们聆听疲倦不堪和心不在焉的演说者讲话时也会感觉同样的无聊和乏味，哪怕演讲内容对我们再有帮助。你是否有过这样的体会：当看着演讲者站在台上面无表情地重复抽动嘴边的肌肉讲话时，你也会同样感觉身体僵硬和不适？演讲内容固然重要，但是使观众感受你的感受也同样意义深远。再出色的内容配以再完美的幻灯片，如果缺乏了情感的投入也称不上成功的演讲。

如今，仍有相当多的人使用过于正式、静态和教条式的方法进行演说，这种演说方式抛弃了视觉要素，包括通过移动和情感流露传递的视觉信息。生动而自然的情感流露会丰富我们的论述，因为这会使观众无意识地感知我们的感受。当你充满热情时，只要这种热情被认为是真实的，大多数人也会回应这种热情。我们的数据和证据固然重要，但投射出的真实情感也会或好或坏地对观众最终接收和记忆的信息产生直接而强烈的影响。

微笑的力量

微笑可以感染人，但不能装笑或者强笑，因为人们可以辨别你的微笑是否真实、是否发自内心。实际上，已有研究表明，如果你的微笑并不真诚，观众就会认为你是一个不可靠或者虚伪的人。马汀·塞利格曼（Martin Seligman）在《真实的快乐》（*Authentic Happiness*）一书中将微笑分为两种类型：“杜乡的微笑”和“泛美式微笑”。前者指发自内心的微笑，表现为面部和眼部周围肌肉的运动，可以通过观察眼角的皮肤来辨别微笑的真实性。而泛美式的微笑是假笑，体现为主观上故意的嘴角上扬，多见于服务行业的礼貌性微笑，人们只是尽自己所能却并非发自内心。我们都能分辨他人的微笑是否发自内心。但是，如果演讲者或者表演者看上去很享受，并且很高兴为观众演出（事实上确实是），那么就会自然地打动观众，并与他们建立沟通。因为真实的微笑已将那种心情体现得淋漓尽致。既然观众可以感受演说者的感受，为何不使他们感到更加舒适和自然呢？你可能在想观众只要记住你说的话就好了，殊不知观众能记住的更多——他们所看到的、你的面部表情，以及他们的感受。

皇后乐队在“拯救生命”现场演唱会上的经验

2005年，第四频道（英国）特别节目“世界最伟大的演唱会”进行了一项调查，皇后乐队在1985年的一场名为“拯救生命”现场演唱会上的表演被评为最佳。今天，特别是在2018年奥斯卡获奖影片《波希米亚狂想曲》中，由奥斯卡奖得主拉米·马雷克饰演佛莱迪·摩克瑞，重新演绎了那场演出，唤起了人们的怀旧之情，大多数人仍然认为那21分钟的现场摇滚表演是有史以来最伟大的现场表演。乐队表演得很好，但使这场演出成为摇滚史上最令人难忘的是佛莱迪对那一刻以及观众的投入。那天，佛莱迪·摩克瑞仿佛开设了一个关于投入和当下的大师班。这些有可能只关于摇滚乐，但对我们而言在他的表演中有许多经验可以借鉴。

准备是关键。

因为他们只是众多优秀演员中的一个，甚至是最后临时的补充，所以对皇后乐队来说，他们可以很容易就在舞台上过一下场。但是很明显，他们排练得很好，为这个特殊的场合做了充分的准备。做好充分的准备会让你更放松，并且全身心投入到当下。

第一印象很重要。

佛莱迪从后面的幕布慢跑着到舞台前面，一面挥舞着拳头，一面浑身洋溢着喜悦，仿佛要让他们知道这一天是属于他们的，并感谢他们的到来。如果你观看表演的视频，就会发现佛莱迪在坐下演奏前，与观众进行了互动。他脸上露出了一个巨大微笑。那不是一个紧张的微笑，而是真诚和发自内心的微笑,是他对当下完全的投入和对表演的热爱。

保持简单。

皇后乐队以其现场演出的道具和豪华的背景而闻名，但在“拯救生命”的演出中除了最基本的设备，没有多余的和戏剧化的舞台道具。主吉他手布赖恩·梅在演出前的一次采访中被问到对设置在温布利体育场上空旷的舞台的想法，他并没有因此感到困扰，他说：“一切都取决于你是否真的演奏和表演。”甚至佛莱迪的着装也很简单：一条牛仔裤和一件白色的背心。

移除障碍。

佛莱迪尽其所能靠近人群，指着温布利大球场的所有区域，然后径直走向舞台边缘。有时，他会跳到只供监控器使用的较低的舞台上，以便更接近观众。他是面向所有观众在表演，而不只针对前排的观众。

让观众产生共鸣。

佛莱迪在整个演出现场的肢体语言表明，这是一个非常欢乐的时刻，并与大家一同分享。在演唱*Radio GaGa*这首歌时，全场观众从头到跟着尾佛莱迪齐声歌唱，他们高举双手，齐声鼓掌，在空中挥舞拳头。当佛莱迪被观众需要时，他积极地反馈，啊，有求必应！我们也可以从中吸取经验，让观众参与进来。面对人群，在舞台上表演时不要停留在一个地方，要有目的地多走动。

重心放在观众身上。

“每个乐队都应该研究皇后乐队在‘拯救生命’演唱会上的表演。”戴夫·格罗尔说，“如果你真的感觉那种障碍消失了，那你也就变成了佛莱迪·摩克瑞。”我认为他是有史以来最伟大的乐队主唱。我经常重复的一句话是“这不是关于我们，而是关于他们（观众）。”在佛莱迪·摩克瑞身上就体现了这一理念。演出应该总是从观众的角度出发。佛莱迪在台下其实是个冷静、低调的人，但在舞台上，他是最迷人的表演者之一。佛莱迪·摩克瑞的表演提醒我们所有人，要把观众放在首位，尽我们所能消除各种障碍，达到全身心投入。

激发好奇心

著名的物理学家加来道雄（Michio Kaku）说过，我们生来就是科学家。他的意思是我们生来就是充满好奇的生物——这是我们学习的方式。展现你的好奇心，并激发他人的好奇心是达到吸引他人的有效方法。一场好的演说可以点燃和激发好奇心，相反，糟糕的演说也会扼杀好奇心。如今，大多数商业演说都无法成功地激发观众的好奇心，理由很简单，它们太枯燥、太乏味了，简直就是信息垃圾。

也许这是我们学校的教育方式造成的结果，至少从初中以后是这样。就我的经验和从全世界各地老师发来的邮件来看，如今许多学校的问题就是疏于培养学生的好奇心。这不是什么新问题，爱因斯坦许多年前就说过："事实上，现代教育方式竟然没有完全扼杀神圣的好奇心……"学生的孩提时代应该是充满无限的好奇心的，但在正如道雄博士所说，许多情况下，学校的教育方式一定程度上"压制了下一代的好奇心。"

日本著名大脑科学家茂木健一郎（Kenichiro Mogi）说，我们需要一直保持孩子般的好奇心。“一旦忘记对事物产生好奇，我们便失去了最珍贵的东西。在当今，好奇心是帮助我们成长最重要的品质。”最出色的演说者和教师是那些能在他们的主题中展现好奇心和热情的人。富有强烈好奇心的人能够感染他人培养属于自己的好奇心。好奇心无法作假，最优秀的教师能够指导、激励和培养存在于每位孩子心中的好奇心。最杰出的演说者不惧怕展现自己无拘无束的好奇心，以及对周遭事物的热情。

好奇心具有传染力

利用具有传染力的好奇心来呈现重要信息的一个最好例子是瑞典医师汉斯·罗斯林（Hans Rosling）。他使用Gapminder 软件呈现数据的方式很直观，带给人震撼的感觉。但是他通过讲话方式展现出强烈的好奇心，达到了吸引观众的目的。他会充满激情地说：

“你们看到了吗？
请看这里！
这太神奇了！
接下来会发生什么呢？
难道你不感到吃惊吗？”

汉斯的这些话能够吸引观众的注意。他通过可视化工具将数据形象生动地显现出来，并且在故事中呈现信息，以此激发观众的好奇心，使自己的演说更通俗易懂。汉斯也以独特的冷幽默而出名，这也是与观众进行情感交流的一个最有效的方法。

人们被自己创造的工具所奴役。

——亨利·戴维·梭罗（Henry David Thoreau）

吸引力靠的不是工具

许多人乐于谈论技术，似乎它们能使枯燥和无效的演说起死回生。数码工具确实能在许多方面提高交流的质量和现场演说的吸引力。尤其是通过电话会议、网络研讨会以及Skype 等技术，我们能够与来自世界另一端的人们建立联系。虽然技术在不断推陈出新，但人类对建立联系、互相吸引以及维系关系的基本需求却没有改变。今天，不少公司提倡使用声音以及动画等效果来抓住观众的注意力，对于这种说法应给予怀疑态度。使用过多的工具和特效通常只会造成观众注意力的分散。

日本电影制片人Eiji Han Shimizu 创作了获奖影片《幸福》（*Happy* ）。他在2011 年TED 东京大会的演说中，强调了并不是拥有的越多才使我们感到幸福，而有意识地选择更少才是幸福之源，而这正是日本传统文化的核心所在。他说，“娱乐、诱惑和消费所带来的盲目快感无法产生真正的幸福。”同样地，将这种道理用于当代演说技术和数码工具中，即有太多人正在接受大量的软件特效和所谓的技巧、诀窍，并误以为这是“进步”和获取“吸引力”的方式。随着越来越多的数码工具变得容易获得，只有有意识地选择更少的元素才能真正把演说做得吸引人，从而创作出成功的演说。

清除交流障碍

我不习惯也不喜欢站在讲桌前向观众做演说。你可能会说，讲桌自有它存在的理由，不少时候咱可缺不了它。的确如此。但是，我以为，在几乎所有的演说场合中，讲桌的存在就好像是一道墙，将演说者和观众无情地隔离开来。

讲桌的确可以使演说者看起来更权威，仿佛他们手中掌管着大权。恐怕这就是为什么政客们喜欢站在讲桌前发表言论的缘故吧。如果你希望自己看起来更加权威，那就站在讲桌前演说吧。但我想，对于大多数会议演说者、教师、销售代表来说，他们可不想站在一道墙的背后与人们进行交流。再说，讲桌通常被安放在舞台侧后方或房间角落，这就使得观众很难发现演说者的存在，造成所演示的幻灯片（如果有的话）成了观众唯一的关注焦点，而演说者本身却成了一个配角。让观众同时看到舞台或房间中央的你和幻灯片屏幕是绝对有可能的，因为这两者通常都会成为他们所关注的对象。

当你站在讲桌前演说时，也许对你的声音传递也好，多媒体播放也罢，不会造成什么影响，但你和观众间的纽带却被生生阻断了。试想一下，如果你最喜欢的歌手站在舞台角落放声高歌，那是一幅多么可笑的场面！再试想一下，如果史蒂夫·乔布斯仍旧以他经典不变的着装——牛仔裤搭配黑色翻领毛衣，以及同样的方法去做苹果Keynote 演说。不同的是他这次选择站立在讲桌前面而不四处走动，那么，他和观众间的交流纽带会因讲桌的存在而荡然无存。而失去的这种纽带关系在演说中恰恰是必不可少的。

但是，并不是说讲桌就是多余的，实际生活中还是有它的用武之地的。比如在正式庆典上，一群人需要轮流上台发言时，就需要在舞台中央安放一个讲桌，那样合情又合理。但是，一旦有观众赶来聆听你的演说，并希望从中获取知识、得到激励时，你则必须竭尽一切可能推倒阻隔在你们之间的那些“墙”（字面意义上的和交流中的）。没有讲桌的掩护，你必须直面观众。这可能会令你觉得有些害怕，但通过不断的操练和努力，克服它只是时间上的问题。

上图是一个很常见的场景。注意，这里有三个障碍物：第一个就是讲桌。不论尺寸大小，讲桌都是一种物理阻隔，阻挡了演说者的身体。第二个是电脑屏幕。个人电脑也构成了演说者和观众之间的小障碍。因为演说者总会把视线落在屏幕上，而不是与观众进行眼神交流。第三个是距离，这也会成为障碍。很多时候讲桌会被放置到距离屏幕或者观众较远的地方。因此，你应尽可能地清除这些障碍，摆脱讲桌、电脑的舒服，贴近你的观众，让交流更顺畅。

追忆：史蒂夫·乔布斯的演说小贴士

2011 年10 月6 日清晨，我坐在日本家中餐厅的柜桌旁喝着咖啡，打开广播想听一下当天的天气预报。不料的是，广播里传来了美国的一则消息：史蒂夫·乔布斯去世了。我的心一下子沉了下去。

在苹果公司供职期间，除了与乔布斯有几封电子邮件的往来和在苹果总部的咖啡厅里偶尔打过几次招呼以外，我几乎再也没有与他直接地接触了。但是，我依然为他的过世感到深深地难过。要知道，当初我正是被他与观众建立联系的沟通能力所吸引，才进入苹果公司工作的。这些年里我阅读了大量公共演讲和演说方面的书籍，但是乔布斯的演说技巧是至今最让我受益的。

我观看了1997 年以来乔布斯做的每一次主题演说，在我仍供职于苹果公司的时候，我没有一次错过员工大会或者公司集会的机会来聆听乔布斯的讲话。虽然我在之前的章节谈到一些乔布斯在演说方面带给我们的启示，但在这里我想汇总一下他带给我们的最珍贵的启示。

1. 知道使用幻灯片的时机

对于大型主题演说或会议来说，多媒体是必不可少的工具，但当你在会议中需要就某个问题进行讨论或者详细探讨某些细节时，幻灯片——尤其是要点式幻灯片就不是一个最佳的选择，往往还会起到适得其反的作用。在苹果公司，大家都知道乔布斯痛恨在日常开会时使用幻灯片。“我讨厌人们使用幻灯片来代替自己的思考，”乔布斯对传记作家沃尔特·艾萨克森谈到自己1997 年回到苹果公司时，公司开会的情形时说，“人们做演说就会遇到问题，我希望他们参与进来，把问题抛出来，而不是给我们看一堆幻灯片。那些知道自己想说什么的人根本不需要幻灯片。”

乔布斯更喜欢使用白板来解释自己的想法，并和大家一起讨论问题。在大堂中做主题演说（如TED大会等）和在会议室开会有着巨大的差别。大多数有成效的会议，都在讨论问题和解决方案，而不是放几张幻灯片。而在较多观众面前演说时则需要使用多媒体。下面的一些小贴士都是针对在大型会场里面对一大群观众所做的演说而言的。

2. 舞台上多媒体不是必需的

除非你想制造自己在大厅演说的豪华感觉，否则就拉一个凳子在舞台最靠近观众的位置，开始讲述你的故事吧。在我为数不多的几次参加公司集会的时候，我注意到乔布斯都没有使用多媒体，相反，他坐在舞台中央的凳子上，要么作报告，要么现场提问，这样一来更像是与观众在对话。虽然我钟爱多媒体，但有时也要看场合是否合适。

3. 简明扼要，紧扣主题

在准备阶段，你必须果断摈弃多余的元素，无论是文字内容还是所使用的视觉效果。失败的演说，尽管使用再好的视觉效果或呈现方式，其症结都是没有经过细致的策划，缺乏明确的主题思想。乔布斯对几乎所有的商业问题，包括对演说的设计，都能直达主题。乔布斯在谈到产品时说，关注点就是你要学会说不。不能在一场演说中涵盖所有的内容，而要把无关紧要的部分去掉。大多数演说却因为涵盖了太多方面而对观众失去应有的吸引力。

4. 与观众建立亲密和谐的关系

乔布斯演说时喜欢在台上走动，时刻面带着微笑，不拘谨，很自然，表现得自信又谦虚，而且十分友善（当与公司内部员工们开会时，他可不是这样）。人们容易被自信的人所吸引，但要注意这种自信不能过了头而变成了自大。他在台上自然的举止、与观众的眼神交流以及友善的态度，使其与观众建立了亲密和谐的关系。

5. 告诉观众演说的组成

没有必要特意在一张幻灯片上面列出演说的议程，但是要让观众了解你对演说的安排，如何展开、将谈论哪些主题等。乔布斯通常的做法是，简短友好地与观众打个招呼后就直接开题："我们今天要谈四点内容。下面我们开始吧。第一个话题是……"他经常把自己的主题分成三到四个部分来阐述。

6. 展现热情

也许你需要克制一下自己高涨的情绪，但是大多数演说者的问题却是缺乏足够的热情——不是太热情，而是太不热情。每一场演说都是独一无二的，而热情会使其更独特。上台不到几分钟，乔布斯就会在自己的演说中加入"令人难以置信""太棒了""太神奇了"以及"革命性"等词语。也许你并不同意他的观点，但他对自己所说的内容深信不疑。他是真诚和真实的。我在这里并不要求大家达到与乔布斯同样的热情程度，而是要把自己对工作真诚的热情展现给整个世界，秀出自己的风格。

7. 积极主动、诙谐幽默

乔布斯是个严肃的人，但每次演说时因为信任自己的内容而显得积极和热情。即便在困难时期他也表现得兴致高涨、态度积极。你只有在完全相信自己的内容时才能显露这些情绪，否则你将卖不出去自己的产品。乔布斯也懂得诙谐和幽默，但这并不意味着是在演说中讲笑话。他的幽默比较微妙，懂得运用相关的嘲讽来引人发笑，这种方式对于观众具有很强的吸引力。

8. 重要的不是数字而是其含义

科技公司的商业演说不同于大会上的科学演说，但有一点是相同的，即重要的不是数字本身而是其背后的含义。例如，你的胆固醇为199g，达到了国民的平均水平，这算偏高还是偏低？"平均"水平意味着健康吗？参照对象是什么？当史蒂夫·乔布斯在演说中谈到数字时，他会将其分解。例如，当他讲到iPhone 手机的销量达到400 万台时，他会将其换算成自上市以来"每天售出2 万台"。

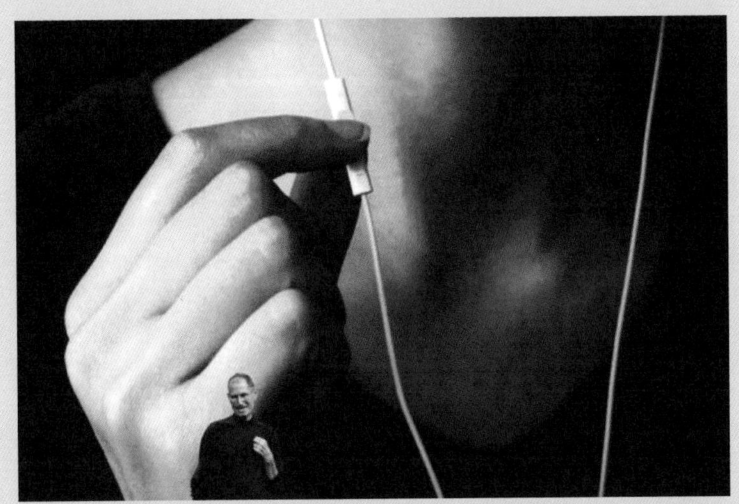

乔布斯的演说往往会使用令人震撼的图片。

乔布斯利用空白的屏幕来达到与震撼的图片平衡的效果。你也可以在幻灯片演说中使用空白的幻灯片，这样观众的目光就会集中在你身上。
（图片来自贾斯汀·苏里文/iStockphoto网站）

20% 的市场份额？数据本身并不能说明什么，但是其背后的含义在经过他的一番对比之后就会显现出来。在演说中讲到数字时，要问问自己，它的参照对象是什么？

9. 使用视觉效果

乔布斯使用大屏幕和高质量的大幅图片展示演说。他选择的图片很清晰、专业，也很独特，而不是来自某个模板。图表、图形简洁美观。在他的演说中绝不会出现所谓“害死人的要点式内容”。他更多地使用大屏幕来呈现视觉效果，只会偶尔展示简短的文字内容。他呈现数据的方式往往能令数据背后的含义变得清晰明了。不是每次演说都要用到图片或视频，但是如果你使用了这些元素，就一定要使用高质量的。

10. 介绍出人意料的事物

尽管人们事先知道乔布斯在演说中会介绍一些新事物，但他每次仍会让观众感到惊喜。人们喜欢惊喜的感觉，喜欢让我们发出“啊”声感叹的所有事物。大脑对新奇和出人意料的事物特别敏感。

11. 控制演说节奏，避免平铺直叙

乔布斯善于使用各种技巧来调节和控制演说时的节奏和速度。他演说时不会在同一个位置站着不动。相反，他时而播放短片，展示图片和数据，时而讲述故事和邀请其他演说者，充分利用了演说现场的硬件设备和软件。花一两个小时谈论某些信息对于观众和演说本人来说都是一件枯燥的事情。如果演说内容主要是产品信息和新功能，向观众发放讲义的方式则会更加高效。

12. 控制演说长度

乔布斯从不在演说中展示无关紧要的细节，而是直接切入自己的主题，因为他清醒地意识到演说时间不能太长的道理，必须快速而直接地呈现自己的观点。如果无法在20分钟内解释清楚主题为何重要、有趣或者有意义，则表示你对主题理解得还不够充分。在确保演说内容有意义的前提下尽量缩短演说时间，当然具体还要视不同情况而定。关键是不要往观众的脑子里塞内容，而是要带给他们意犹未尽的感觉。

13. 将最好的留在最后

人们会在演说最开始的两分钟内评估你的表现，因此做好开头很重要，但是结尾更重要。对观众来说一场演说中留给他们印象最深刻的便是开头和结尾部分，中间部分固然重要，但是若一头一尾没有做好就会全盘皆输。这就是我们不断地排练演说的开头和结尾的原因。乔布斯以其“最后一点”而著名，他往往把它放在演说结束前作为压轴。乔布斯经常谈到改变世界的话题，而他在短短的56 年的生命中确实改变了世界。他对于细节、简约和美学的执着精神，为技术、商业和设计等领域树立了标杆。同时，也为演说树立了标杆。他是一个机智聪慧的人，更是一位真正的大师、真正的老师。

乔布斯展示数字时，都把它们设成超大字体，令人过目难忘。这张照片摄于2008年旧金山苹果大会，他向观众展示说，自Mac 10.5 版操作系统发布以来，已卖出超过500万份。（照片来自大卫·保罗莫里斯/iStockphoto网站）

乔布斯总是善于运用图片做比较来展示产品的功能。这张照片摄于2007 年旧金山苹果大会，当时他正在向观众介绍新一代Nano。（照片来自贾斯汀·苏里文/iStockphoto网站）

接近观众

在世界各地授课和演说近20 年的经验告诉我，演讲者与观众的距离以及观众间的距离对于能否吸引观众和使得演说变得更有成效具有重要的影响。空间对非语言交流和吸引力具有重要的作用。人与人之间的距离受国家文化的不同而不同，但是，想要吸引观众，就意味着要尽可能地靠近他们，或者使观众间的距离缩小。在有客观条件限制的情况下，基本原则便是：（1）缩小我们与观众间的距离；（2）使观众与观众更加靠近，但是保持适宜的个人空间；（3）去除阻挡你与观众以及观众间的障碍物，从而缩短距离，不论这种距离是有形的还是无形的。所谓无形的距离，主要是因为使用了不恰当的语言所致，包括使用了正式语、行业术语等。同样地，技术如果使用不当，也会造成无形的距离感，减少演说对观众的吸引力。在这些情况下，再近的物理距离也无济于事。

大型会议室都会有专门的会议投影仪——当然有时候也可能是移动的，这种大型投影仪可能在舞台前面，或者观众背后。如果没有提供监视器，你可以在舞台前找个地方将个人电脑与投影系统相连。在这个示例中，我可以在舞台上的各个角度看到电脑画面，同时也不对观众产生影响。

示例中电脑虽然没有被放置在讲台的边上，而是放到了讲台的中间，也可以方便给我提示，但是这并没有影响观众的视线。观众只能看到我和背后的屏幕。

这是在东京商务区的一个会议室，在会议室后面也有投影屏幕。这样也就没有必要看自己电脑屏幕上显示的画面了，因此我将电脑放到了讲台侧面。不论我在讲台上如何移动位置，我都能保持与观众的眼神交流，而不用担心无法看到演示中的幻灯片。

使用遥控器

我见过不少聪明的演说者，但也见过很多不那么聪明的。后者在播放幻灯片时，要么根本不用遥控器，要么使用了遥控器但操控极其差劲（仿佛他们以前完全没用过）；即使是在科技发达的今天，仍有许多演说者选择站在电脑旁边，一边演说一边用鼠标控制幻灯片的播放。这就意味着在演说过程中，他们需要不时地走回电脑旁去更换幻灯片，以继续他们的演说。

控制电脑的遥控器并不昂贵，但却是一样必不可少的工具。不要找任何借口，作为演说者，你必须拥有一个。如果你现在仍使用电脑鼠标去控制幻灯片播放，那用遥控器会令你的演说效果更上一层楼。它能使你摆脱电脑的束缚，更易于在台上四处走动，与观众进行交流，从而建立与他们沟通的纽带。

设想一下，如果你站在电脑旁低着头点着鼠标控制幻灯片，这和许多年前，我们的父辈使用老式投影机播放他们钓鱼时的情景又有什么区别？我想那种枯燥又麻烦的感觉可不好受！

请记住，你在演说中使用的技术对观众来说要尽可能地无形化。如果使用恰当，观众甚至不会知道（或者在乎）你使用的数码工具到底是什么。但是，当你把双手放在电脑键盘上，目光不停地在电脑屏幕、键盘和台下观众以及投影仪的幕布间往复时，你的演说也就成为观众所诟病的最典型的那一类了。

如果你的演说中除了要播放幻灯片，还需要用到电脑，那么偶尔走过去运行某个程序，展示某个网站也无妨。但是，当你不再需要电脑时，就不要站在电脑前了。

你所需要的仅仅是一个带有基本功能的小型遥控器。我更喜欢带有最精简功能的遥控器。你可以购买那些能够当作鼠标在屏幕上移动光标以及带有其他强大功能的遥控器，但它们本身体积较大，容易引人注意。你所要的遥控器，实际上只需具备前进、后退和使屏幕变黑的功能，就这么简单。

使用B键

如果在演说中用到幻灯片，遥控器中最有用的键就是B 键了。按下B键，屏幕就会变成黑屏。按下W 键，就会出现白屏。你甚至可以在自己幻灯片的几个节点中插入几张黑屏页，把观众的注意从屏幕上移开。比如，在演说期间发生了讨论，而幻灯片上的图片会产生小小的干扰。这时把屏幕切换为黑屏，也就关闭了干扰源，使观众们把注意力集中到你以及讨论中来。当讨论结束，进入下一个话题时，再次按下B 键（大多数遥控器都有这样的功能），屏幕画面回到之前的节点，演说继续往下进行。

如果在演说过程中将屏幕调暗，那么观众所有的焦点都会汇聚在演说者身上。如果你想在演说中有意识地引导观众的视线，可以加上空白幻灯片。当然你也可以通过使用电脑（或者遥控器上的B键）让屏幕变黑。对于演说过程中的讨论和交流环节而言，这是一个非常有用的技巧，可以让观众不因无关的画面而分心。

不要关灯

如果想吸引观众，就应该让他们能看见你。因为你的眼神及面部表情能帮助他们更好地理解你传达的信息。你的用语、语气以及其他视觉信息都会成为他们理解的线索。视觉信息非常重要，如果观众无法看到你，即使他们能看到屏幕，你在演说中所传递的很多丰富的信息也会丢失。所以，尽管关灯能使幻灯片中的图片看上去效果更好，但是让演说者站在灯光下更重要。你可以只关掉一部分灯，保持一点光亮。

如今的投影技术越来越先进了，就算让会议室里的灯全开着也不会使投影效果受影响。会场往往也能提供高级的照明设施，为演说者打光。不管你在何种场景下演说，一定要确保周围有足够的灯光。只闻其声不见其人，这种做法是吸引不了观众的。

在日本，如果在公司会议室里做演说，那通常的做法是把全部或大部分的灯给关了。演说者往往会站在房间旁边靠后的位置操控电脑播放幻灯片，而观众们则盯着屏幕听着他们描述所演示的画面。这种做法在日本十分普遍，已经成为一种惯例。但我认为这种做法无法获得良好的演说效果。观众如果能够一边看着演说者，一边聆听其演说，那样会更易于他们理解演说的内容，从而使演说的效果更为理想。

如果在黑暗的环境下进行演示，效果就会想这样……

但是你很快会发现观众会渐渐这样……

如何知道自己是否触动了观众？

如果你的演说真正吸引了某人，你可以唤醒其内心的某些事物。在第8章介绍过的本杰明·赞德就是唤醒他人——学生、同事和观众等身上可能性的大师。而这也正是他极力要求我们去做的。如果无法唤醒一个团队或公司甚至是国家内在的力量，还谈何优秀的领导者？如果无法唤起学生内心的潜力，还谈何优秀的老师？如果无法唤醒孩子内心的种种可能性，还谈何优秀的父母？显然，不是每一场演说对人都有振聋发聩的影响，但是至少使他们有一点小小的改变，这就要吸引他们，唤醒他们对自身可能性的追求。

那么如何知晓是否触动了学生或观众呢？本杰明的回答是，“看他们的眼睛。如果他们的眼睛闪着光，你就做到了。”他还提到，“如果观众目光无神，你就要问自己：为什么他们的眼神呆滞呢？”在与孩子、学生交流时也是一样的道理。对我而言，我会问自己一个很重要的问题：我没在他们的眼神中看到与我的交流，这是为什么呢？

本章要点

- 吸引力就是要激发观众的情感。
- 不要关灯，确保观众总能看到你。
- 去除你和观众之间的障碍，如果可能，请避免使用讲桌。
- 使用无线麦克风和遥控器，这样就可以随意而自然地走动。
- 要积极主动、充满活力和幽默，与观众建立和谐的关系。对自己的演说内容要坚信不疑，否则就无法宣传他们。

新征程

我们终将变成自己所想的样子。

——佛陀

11

开始幻灯片旅行

许多人都想成为一名优秀的演说者，并希望寻得成功的捷径。但这种捷径是不存在的。演说水平的提高需要一个过程，这就好比一场征程，只有经历了各种磨砺之后才能抵达终点——成为一名出色的演说者。而你所要迈出的第一步就是，学会用简单的眼光用心观察周围的事物。渐渐地你就会发现，有些被我们认为是理所当然的事情其实并非如此，甚至根本就是错误的。

不论你目前的演说水平如何，你都要相信自己，在未来一定能够做得更好，一定能够成为一名出众的演说者。我身边就有许多这样的成功例子。在和我共事过的人当中，有不少是职场专业人士，既有年轻人，也有老者，无不认为自己缺乏创意和魅力，也不够有冲劲。但在接受了一些帮助和指导之后各个成为出色的演说者，他们在演说时语言表达清晰，内容富有新意而吸引人。因此，相信自己，就一定可以做到。人一旦选择以开放的思想去看待事物，并摒弃陈旧思想，演说上的进步只是一个时间的问题。有趣的是，当我那些同事逐渐成为更加自信而出色的演说者时，他们的自信心以及所领会的新思想，同样也对其个人生活和工作产生积极的影响。

怎样才能进步

这里我提供一些个人建议，旨在帮助演说者提高演说效果。不论演说是否需要借助多媒体辅助手段（比如幻灯片），以下方法在一定程度上都能为演说的成功增加砝码。

博览群书

通过阅读书籍、观看DVD 以及浏览丰富的网络资源，你可以从中学到如何成为一名优秀的演说者。我在Preseantationzen博客上列出了许多书籍、各种DVD 以及学习网站等信息，供大家借鉴和参考。它们都不直接讲授演说的技巧以及幻灯片的设计，但我觉得它们对提高演说水平是相当有帮助的。举例说，你可以从大师们的纪实电影中学到如何讲故事、如何使用图像，等等。就连教授如何写剧本的书籍也会对你提高演说水平大有裨益。通过博览群书，为己所用，你可以取得意想不到的收获。

勇往直前

阅读和学习固然重要，但要真正提高演说水平（包括幻灯片的设计），就必须采取实际行动，寻求一切上台的机会，多做演说，勤于操练，收获经验。如果你所在城市有Toastmasters 演说俱乐部，考虑一下成为他们的会员吧！更好的办法，是搜索一下当地的TED活动、Pecha Kucha 之夜或者Ignite 活动。如果这些都无法在当地找到，那么你为什么不发起一个呢？自愿在学校、公司或者用户团队里开展演说活动，寻找一切可能的机会通过演说的方式去分享你的信息、技能和故事，从而为你的社区做出贡献。

发现创意

不论你从事何种职业，创意和灵感的发掘与培养十分重要。如果你忽略或辜负了在某一方面的天赋或热情，那将多么令人惋惜。老实说，你或许根本不知道去哪里寻找灵感和获得启迪。但实际上，在你爬山、作画、欣赏日落、写小说或者和一帮音乐朋友在俱乐部演出时，灵感已悄然出现。

我现在已经不是全职乐手了，但仍然坚持与大阪当地的一些爵士或蓝调音乐人合作，同台演出。我通过现场演奏音乐，与观众进行心灵的沟通，探得创意和灵感。尤其是爵士与蓝调音乐，演奏时仿佛就在讲述故事，关键便是演奏者能否投入音乐之中。这就好比做演说，投入才是关键，而不是技巧。当你开始把思想集中在技巧或手段上，或想着如何让观众留下良好印象时，演说往往无法取得成功。我从音乐演奏方面确实学到了不少心得。

走出去

人在舒适而且熟悉的环境中很难学到新知识，很难得到新启迪。因此，你要尽可能地走出办公室，踏出学校或家门，多出去逛逛，多与人沟通和交流，建立更多的联系。多锻炼自己的右脑（掌管创意、情感），外面的世界其实就是一个天然的学习场所。挑战一下自己，挖掘更多的潜在创造力。你可以考虑报名参加话剧班或美术班，看一场电影，听一场音乐会……如果你热爱音乐，那还可以考虑加入乐团或和乐友们自己组建一个乐队，这些都可以帮助开发自己的潜能，获得更多的灵感。当然，也可以独自外出去散步，也许这正是一段启发灵感之旅。

处处是课堂

我们能在一些意想不到的地方发现灵感而获得启迪。比如，我在往返公司的列车途中就学到了不少有关图形设计方面的知识。日本的列车准时快捷，车厢整洁舒适，里面通常会挂有许多印刷广告，充分利用车厢内的多余空间。我坐在列车上时喜欢观察那些悬挂着的广告，它们不仅使我获得最新产品和活动相关的信息，也让我了解了图形设计的大体趋势。

如果你是个细心的人，便可发现其实各种海报、标语、街牌广告等无不折射着最基本的设计理念。但在实际生活中，我们往往不太会去关注它们，认为那些都是再寻常不过的事情，早已司空见惯了。但是，当你走在大街上，到处都有值得你去学习和思考的地方。学无止境，关键看你是否拥有一双发现它们的慧眼。

相信自己

你要相信自己，不要依赖微软或苹果公司，自己的选择自己做。关键问题是，不要受到自己或他人思维习惯的困扰，它们会在演说的准备、设计包括最后演示阶段使你做出错误的决定。成功的秘诀就是要善于观察世界，善于学习，善于动脑。一味地服从过去，顺应所谓的传统思维只会让我们变得停滞不前。如果想真正提高演说水平，关键还是要有开放的思想和一颗包容的心，愿意并敢于学习和尝试，不惧怕犯错。提高演说技能和改变自己陈旧观念的方法有很多。我真诚希望以上列出的这些建议能对各位在今后的演说方面有所帮助。

结束语

那么，最后的结论是什么？结论就是根本没有结论，有的只是下一步该怎么走，而且将由你自己选择，做出决定。实际上，对于许多人来说，演说的征途才刚刚开始。我在本书中只是给出了一些简单的想法供大家思考和借鉴，旨在帮助大家提高演说设计和幻灯片演示等方面的技能。我再次声明，本书中的演说是指由PowerPoint 或Keynote 等多媒体软件辅助的幻灯片演说；但是，并不是所有的演说都要采取多媒体辅助手段。如果你下一次需要做一场幻灯片演说，那么，在设计和演示时不要忘了遵循约束、简约和自然的原则！祝你在演说的征途中一帆风顺！

千里之行，始于足下。

——老子

加尔在世界各地旅行，同时用幻灯片作演说。他的主题包括在设计、沟通及日常生活中的简约原则的应用。

加尔的“演说之禅”研讨会在全球很受欢迎，在其中你能学到如何将约束、简约、自然三原则应用于工作中。

更多信息请访问Presentatienzen博客

有关演说及培训的问题可发邮件至：office@presentationzen.com